编著　石克昭

四川大学出版社

责任编辑：唐　飞
责任校对：王　锋
封面设计：墨创文化
责任印制：王　炜

图书在版编目(CIP)数据

说话量子 / 石克昭编著. —成都：四川大学出版社，2018.9

ISBN 978-7-5690-2389-3

Ⅰ.①话…　Ⅱ.①石…　Ⅲ.①量子—普及读物　Ⅳ.①O413-49

中国版本图书馆 CIP 数据核字（2018）第 216175 号

书名　**话说量子**

编　著　石克昭
出　版　四川大学出版社
地　址　成都市一环路南一段 24 号 (610065)
发　行　四川大学出版社
书　号　ISBN 978-7-5690-2389-3
印　刷　四川盛图彩色印刷有限公司
成品尺寸　170 mm×240 mm
印　张　11.5
字　数　135 千字
版　次　2018 年 11 月第 1 版
印　次　2018 年 11 月第 1 次印刷
定　价　56.00 元

◆读者邮购本书，请与本社发行科联系。
电话：(028)85408408/(028)85401670/
(028)85408023　邮政编码：610065
◆本社图书如有印装质量问题，请寄回出版社调换。
◆网址：http://press.scu.edu.cn

陈宏规，博士，研究员，客座教授，曾任中国科技咨询中心常务副主任，中国科普研究所原副所长，中国力学学会理事等，获国家有突出贡献的中青年专家、国家有突出贡献的回国留学人员等称号。

加强科学知识普及
提高全民科学素养

陈宏规
二〇一八年七月二日

中国科普研究所原副所长陈宏规为本书的题词

杨俊才，国防科技大学物理学教授，学科带头人，连续四届教育部高等学校大学物理课程教学指导委员会委员，中国物理学会教学委员会委员，全国高校实验室工作研究会副理事长，湖南省物理学会副理事长，湖南省光学学会常务理事，湖南省核学会常务理事等。

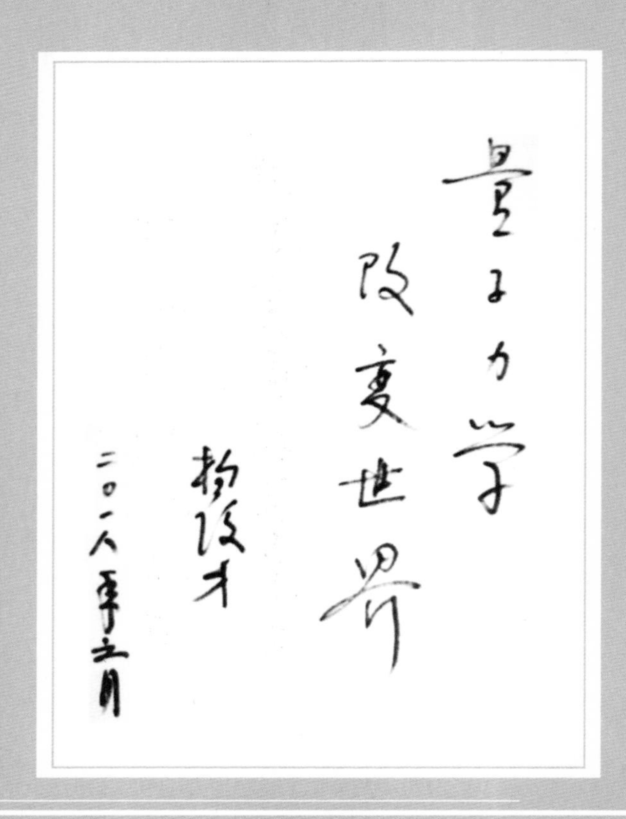

国防科技大学杨俊才教授为本书的题词

王才美，1980 年毕业于中国科学院研究生院，后留学美国，现为国防科技大学学科带头人，硕士研究生导师，技术三级（少将级）教授。

学好科学知识
迎接美好未来

王才美
二〇一八年六月

国防科技大学王才美教授为本书的题词

前言

这是一本面向普通大众的关于量子力学的科普读物。

历史的经验告诉我们，科学技术的进步，总是推动着社会经济的发展；而社会经济的发展，又反过来带动着科学技术的进步。

迄今为止，人类已经经过了旧石器时代、新石器时代、手工业时代、第一次工业革命带来的机器时代，以及第二次工业革命带来的电气化时代、自动化时代，现在人们正在进入高速发展的网络化、信息化、人工智能化时代，一场轰轰烈烈的第三次工业革命正在悄然到来，引起和带动这场革命的正是量子力学和爱因斯坦相对论。

以量子力学和爱因斯坦相对论为支柱的现代物理已经并且必将极大地改变人们的生活面貌和促使社会经济的全面进步，并触动着包括人们思想意识在内的各个层面的变革。

历史的经验同样告诉我们，谁占据着这场知识和技术革命的先机，谁就掌握着现代社会经济进步和科学技术发展的主导权，谁就把控着自身民族和国家在世界大家庭中的地位和命运。

知识和科技发展的步伐一直以加速度的方式进行。第一次工业革命之前的知识和科技水平所影响的社会发展长达数千年，而第一次工业革命仅仅三百余年便触发了第二次工业革命，但第二次工业革命到现在也才不过一百多年。

一百多年前，量子还只是物理学家研究的一个陌生课题；五十多年前，量子力学作为一门基础知识课刚步入大学的讲堂；近二十年来，量子科技在大众媒体的版面上越来越多地呈现；近几年，高中物理也接触到了量子力学；而随着一年多前中国墨子号量子科学实验卫星的升空，关于量子的话题突然间进入了千家万户。

但是，正是由于这种不可思议的发展步伐，使量子力学这门崭新的学科犹如迅速积累的财富，使今天的世界出现了两极分化的局面！

一方面，在自然科学界，量子力学与爱因斯坦相对论已经从微观和宏观两个方面迅速扩展，既涉及极其微小的粒子领域，掌握着刷脸识别的新技术，同时人类的触角又伸向漫无边际的天体，去探寻宇宙的秘密；在社会经济领域，几乎全球 1/3 的经济运行建立在量子力学的理论基础上；在社会科学领域特别是哲学界，有关是否存在意识物质和灵魂的争论喋喋不休，其频率也越来越高。而另一方面，绝大多数的普通大众对什么是量子如同幼儿园的小朋友乐痴痴地看着老师变戏法似地玩游戏。这种毫不对称的现象不停地扰动着人们的心灵。

对知识的渴求向来是人类的本能，更何况“科学”二字对于我们的社会生活来说已经是不可或缺的事实。

那么，是不是应该来普及一下有关量子的知识呢？

本着这个意愿，笔者通过网络和其他媒体收集了大量关于量子力学方面的题材进行编辑整理，以求在如此广泛和如此深度的知识更新浪潮中做出一点贡献。

为使大多数读者便于读懂本书，笔者力求以通俗、简明的方式，尽量避免繁杂深奥的数学公式和过程描述，尽量以近乎词典的方式介绍有关词汇的含义，以便与大家一起学习和了解关于量子力学的基本知识，丰富我们的知识体系。

本书共分为 7 个部分。第一部分从最普通的日常现象入手，讲述什么是量子和量子力学、量子力学与经典力学的区别以及量子力学在现代物理中的地位和作用。第二部分讲述量子力学的基本内容、建立量子力学理论的经典实验及有关论述。第三部分讲述量子力学中常见的有关现象及词义。通过前几个部分的介绍，使读者对量子力学的基本理论有个初步的了解和认识。第四部分讲述量子力学的启示与尴尬。第五部分以量子通信卫星、量子计算机为例，讲述我国在量子科技领域取得的重大成果。第六部分讲述量子力学在思想领域诸如意识与客观现实的关系等引起的一些争论。第七部分简要介绍在量子力学领域做出突出贡献的部分科学家，让人们尊重和永远记住他们。

编者

2018 年 5 月

目录 CONTENTS

第一部分 | 概述 001

从“一件事情，两种观察”说起 002

什么是量子和量子力学 006

量子力学与经典力学的区别 012

量子力学在现代物理中的地位和作用 018

第二部分 | 量子力学的基本内容及经典实验和理论建立 027

量子力学的基本内容 028

建立量子力学理论的经典实验及论述 035

普朗克定律和黑体辐射 035

光的波粒二象性、光量子 038

玻尔原子理论 041

德布罗意微观粒子波粒二象性 045

不确定性原理及矩阵理论 047
薛定谔方程 049
玻尔互补原理 051

第三部分 | 量子力学有关现象及词义解释 053

量子场论 054
量子坍缩 057
量子纠缠 059
薛定谔的猫 063
量子自旋与自旋量子数 066
量子比特 068
量子算符 070
量子隧穿效应 074
费米子和玻色子 077
量子意识 079

第四部分 | 量子力学的启示与尴尬 083

第五部分 | 我国在量子科技领域取得的重大成果 091

我国成功发射墨子号量子通信卫星 092
我国在量子计算机研究上取得的新成果 097

第六部分 | 关于量子力学引起的争论 101

爱因斯坦与以玻尔为代表的哥本哈根学派关于量子力学完备性的争论 102

量子力学与因果关系之间的矛盾 106

是意识产生客观世界吗 110

第七部分 | 量子力学领域做出突出贡献的科学家简介 121

克里斯蒂安 · 惠更斯 122

马克斯 · 普朗克 125

阿尔伯特 · 爱因斯坦 128

尼尔斯 · 亨利克 · 戴维 · 玻尔 132

路易 · 维克多 · 德布罗意 136

沃纳 · 卡尔 · 海森堡 139

马克斯 · 玻恩 142

沃尔夫冈 · 泡利 144

恩里科 · 费米 147

保罗 · 狄拉克 150

埃尔温 · 薛定谔 154

杨振宁 157

潘建伟 160

| 后记 | 164

概述

从“一件事情、两种观察”说起

什么是量子和量子力学

量子力学与经典力学的区别

量子力学在现代物理中的地位和作用

PART1

从“一件事情，两种观察”说起

有一个人约朋友一同出去玩。他来到朋友住处的楼下，上了电梯，按下 17 楼的键。电梯到 17 楼停下，电梯门开了。他出了电梯门，朝左边走。走到 1704 号门口，按下门铃。朋友已经在家等着，听到门铃声，开了门，然后出来，锁上门，和他一起进了电梯，到了楼下，一同走了。

这是一件极其普通的事情，每一步都非常确定，所以结果也是确定的，顺理成章，这是标题中所讲的第一种观察。

但是，如果我们从另一种观察角度去看这件事，可能就没有这么简单了。我们从他进电梯开始到找到朋友下电梯这个时间段来看。

他进了电梯，这栋居民楼有 30 层。除第一层外，还有 29 个向上楼层的按键和两个向下去车库的按键。在他没有按“17”这个键之前，在局外人看来，他有 33 种可能按任何一个键的选择，即除了 32 个可能按上下键到任意楼层之外，还有一种可能是他什么键都没按，站在里面思考什么，或者按下 1 层的键又出来了。这 33 种选择都是有可能的。也就是说，在他没按下“17”这个键之前，人们不知道他要去哪一层，所以结果是不确定的，他去哪一层的概率都是一样的。就好像有 33 个相同的他，站在 33 个电梯里，只是每个电梯只有一个不同数字的按键。现实中的他，是把这 33 种可能都浓缩在一起了，或者说都迭加在一起了。

但是当他抬起手来准备按键的时候，变化开始了，不按键的概率下降了。当然，这时又有了无限多种可能，如他有可能把手又放了下来等。但是，当他的手指头越向“17”这个键靠近，其他的可能就越小。而当他按下“17”这个键的瞬间，其他 32 个电梯没有了，其他选项没有了，这个时候的结果是确定的——他要去 17 楼。于是我们回到了最开始的那个“顺理成章”的状态。由此类推，在到达 17 楼后，电梯门打开，他出不出去，存在两种可能的不确定。出了电梯门之后，他是往左走还是往右走或是不向任何方向走，这都存在不确定性。在他往左走后，是否一定在 1704 号房门前停下脚步也存在不确定性。他在 1704 号门前按不按电铃也存在不确定性。他的朋友是在家的客厅还是在哪间房间等他也存在不确定性。他是否听到电铃声也不确定，他是否开门不确定，他出来了是否愿意一同走不确定，是否锁门不确定，等等。

可见，从这种观察角度来看这件事，每个时间和空间点都存在着无数可能，也都存在着结果的不确定。这每种可能都是现实生活中实实在在存在的，这是标题中所讲的第二种观察。

在上面的例子中，我们看到有几个必不可少的因数：一是时间；二是空间；三是意念。我们姑且把它看成是构成这个事件的一个系统。在这个系统中，因为有了时间、空间，约朋友出去玩的意念才可能存在。也可以说，因为有这个约朋友出去玩的意念，才有了时间、空间的存在，它们之间存在着因果关系。其中任何一项发生变化，都会影响其他因素的变化，从而使整个系统发生变化。此外，在这个系统中，时间、空间、意念都是在不断变化、运动的。

在这个事件中，我们还可以看到，影响事件结果的是某一个时点和这个空间点的“态”。这许多个“可能”的“态”迭加在一起，形成了又一个态。态的迭加也就是概率的迭加。而迭加后的概率会受到其中任何一个变化概率的影响。当某一种概率达到最大化的极限时，其他概率都“坍缩”了。

如此看来，最开始那个“顺理成章”的过程只是这些无数可能中的一种而已。而从比较的角度讲，哪种观点更全面呢？显然是后一种。尽管后一种在我们现实生活中看来是多么不可理喻、不可思议，甚至感觉是多此一举。

这不免使人有许多联想。例如，我们现实生活中所见到的一切，是不是只是许多现实中的一个而已，它并不代表所有的现实？就像在电梯中一样，在他没按下“17”这个键之前，所有的楼层都是存在的。而当按下“17”这个键之后，其他的楼层都与他无关了，或者说其他的楼层都不存在了。我们一直生活在“确定”与“不确定”、“有”与“无”之中，甚至生活在我们的意念之中。我们曾经见过的东西，我们想到它时，它在我们脑海中存在，见到它时，它在现实中存在。没有见过的东西，你很难想象它的形状，对你来说，它就是不存在的。这样说来，意识不是很重要吗？以前科学从来不讲意识，只讲物质，世界是物质的，存在决定意识，客观存在不以人们的主观意志为转移。那么按照刚才的例子，反过来，是意识决定了客观，没有意识的东西是不存在的。这种对传统观念的冲击，不能不使人感到惊奇！

其实上面所说的两种观察，第一种观察是经典力学的观察。经典力学认为，只要物体初始运动是确定的，结果就是确定的。因为你去找朋友玩，所以一定按“17”这个键，一定按 1704 房的门铃，朋友一定会和你一起走，结果已经确定，你的每一步都事先知道结果。而第二种观察则是量子力学观察的一种比喻，什么都不确定。

为什么说第二种观察是量子力学观察的一种比喻呢？因为前面所描述的这个“找朋友”的过程并不是量子力学所描述的对象。量子力学是描述微观物质运动规律的科学。它所描述的是微观世界中那些量子化的粒子运动。而显然这个“找朋友”的过程是一个宏观的事件，人也好，电梯也好，都是宏观的物体，不是微观的物质，所以它不是量子力学研究的范畴。但为什么又要举这个例子呢？因为量子力学描述微观物质运动规律的理论，正是建立在这种不确定性的基础上。

我们要对量子力学有一个基本的概念，就必须先清楚什么是量子和量子力学。

什么是量子和量子力学

前面在讲到“一件事件，两种观察”时，讲到的第二种观察方法就是量子力学观察方法的一种比喻，那什么是量子力学呢？

在介绍什么是量子力学之前，我们首先要知道什么是量子。

我们经常听到分子、原子、电子，有时还听到质子、中子。那么量子也是“子”，是不是也与它们同类呢？不是的，量子与分子、原子、电子、质子、中子等是两码事。

我们在中学阶段已经学过分子、原子、电子的知识，这里再回顾复习一下吧。

经典力学认为，世界所有的物质都在运动，运动的基本形式有两种：一种是波动状，如电波、声波、颜色之类，它们是连续流动的、不可分割。比如一片树叶，由绿色变到黄色，那是连续的，不可分割的。又如声波，它也是流动的，在能够听到声音的范围内，连续且不可分割。这类运动形式之所以称为波动，是因为物质的运动原本是振动的，振动随着时间变化发生位移，就形成了波。振幅的大小决定波的强弱。物质的另一种运动形式是直线运动，它没有振动，所以表现为粒子状。

在经典力学中，物质的波和粒子两种运动形式互相对立，不是波就是粒子。为了区别，就称为“波象”和“粒象”。

所有物质都有化学性质。因为物质可以分割成很小的粒子，如麦子可以磨成面粉、铁块可以磨成铁粉等。如果以保留物质的化学性质为标准，那么物质分割到最小单位时，我们把这时的粒子称为分子。也就是说，物质是由分子组成的。物质有什么化学性质，它们的分子就有什么化学性质；反之，分子有什么化学性质，这些分子组成的物质就有什么化学性质。

但是后来发现，如果物质按照可以进行化学反应的标准来分割，那么分子还可以分割成由两个或者两个以上的多个原子组成。例如水分子，就是由两个氢原子和一个氧原子组成。于是，原子就成了比分子更小的粒子。但后来又进一步发现，按照能不能导电的标准来分的话，原子还可以分割成由带正电的原子核和多个带负电的电子组成，电子各自绕着原子核转。有多少个电子就有多少负电荷，而原子核也相应有多少正电荷，使得整个原子保持着中性。那么原子核为什么会这样呢？原来原子核还可以分割成更小的粒子，即质子和中子。中子不带电，质子带正电荷。原子中的电子带有多少负电荷，原子核中的质子就带有多少正电荷。质子和中子又统称核子。

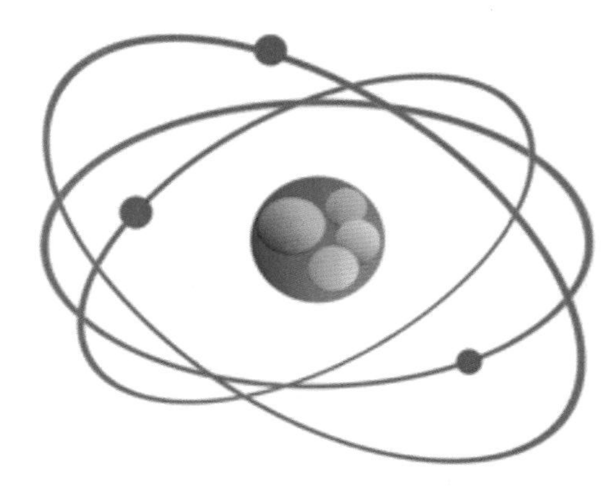

原子由原子核和电子组成，原子核由质子和中子组成

后来发现，电子再不能分了，但原子核中的质子、中子还可以分，结果又分成了几十种。科学家把已经发现的这些粒子分了类，如轻子、介子、中微子等，把它们称为“夸克”，并把这些粒子和电子一起称为“基本粒子”。以后还可不可以再分还很难说，因此“基本粒子”只是暂时的称呼。

现在来说量子，量子是什么？量子力学又是什么？

什么是量子？顾名思义，即“量”的最小单位，故称“量子”。量子是描述物质运动时物理量的最小单位。

什么是物理量？

我们通常说物体有轻重、冷热、长短、快慢等，这些在物理学中有专有的名词和符号表达，如质量、温度、距离、速度、能量、动量等。

这些形态的量，我们称为物理量。

物理量是不是也可以连续地分割呢？就像数学中 1 米可分成 100 厘米、1000 毫米一样。

1900 年，德国物理学家普朗克做了一个“黑体辐射”实验，发现能量是可以连续分割的，于是他提出了能量子的假设，说热辐射能量可以量子化，即可以把物体吸收或辐射出来的热能连续地分割成保持这个热能性质的最小单位，这个最小的单位就称为能量子。这就有了“量子”的概念。量子是可以分割的物理量的最小单位。

综上所述，粒子和量子都是关于物质的一种概念。粒子是组成所有物质的最小单位的统称，量子是物质运动时那些可以分割的物理量的最小单位的统称。

粒子是指能够以自由状态存在的最小物质组分，量子则是以自由状态存在的最小物理量。

上面我们简单介绍了粒子和量子的概念，那什么是量子力学？

量子力学是解释微观物质运动现象的科学，也就是解释物质粒子运动现象的科学。在此之前，经典物理虽然可以解释低于光速的宏观物体运动现象，但在描述微观系统的物理现象时却表现得力不从心。许多被公认的物理定律在解释一些微观物质运动现象时一筹莫展，甚至遭遇到颠覆性的质疑。例如，经典力学认为，如果物体的初始运动是确定的，那么它的运动结果也是确定的，可以预知的。但微观物质运动并不遵守这条规律。因此，这就不得不使许多物理学家开始对微观物质运动现象进行直接、独立、深入的研究，以求把微观物质系统自然现象的客观规律寻找出来。

普朗克定律正好说明了这个问题。不是把铁放进火炉就一定能够打铁，而是必须升高火的温度，也就是加大能量时才可以打铁。因此，他从理论的角度提出了能量子的概念。后来经不断证实，不仅热能可以量子化，光也可以量子化，所有的物质能都可以量子化。这就说明，在微观世界，既然所有物质能都可以量子化，那就应该可以建立一个像宏观世界中经典物理体系一样的、能够完整地描述和解释微观物质运动规律的科学体系——量子力学。

从此，围绕量子概念的成立，逐渐有了建立量子力学理论体系的过程。同时随着量子力学理论体系的完善，又逐渐出现了量子电动力学等其他的科学理论分支，从而构成了一个可以完整描述和解释微观世界物质运动现象的科学体系——量子物理体系。量子力学则是量子物理体系中的一个分支。

量子力学理论体系的建立经历了两个阶段，前一个叫旧量子理论。旧量子理论在解释一些量子物理现象时，还是运用宏观物理理论的解释方法，结果得不到全面完整的解释，往往解释某一种物质现象时可以，而换成另一种物质现象时就不行了。在经过一系列的实验、观察、研究后，终于总结出脱离了经典理论束缚的一套全新的、用微观物质运动规律的理论来解释微观物质运动现象的科学理论——量子力学理论。

量子力学的基本概念、基本理论、基本原理、经典实验和所表现的一些现象，我们将在后面一一介绍。

任何科学理论的建立都经历了发现、观察、模仿、实验、总结、提炼等一系列的过程。量子力学从量子的发现和量子概念的提出至今也不过一百余年的历史。这期间，经过了一大批科学家前后的探索、思考、争论，逐渐形成一门独立的、系统的、反映微观物质运动规律的科学——量子力学。正是由于量子力学的诞生和发展，人们对物质的结构以及其相互作用和运动规律才有了全新的见解，许多微观物质现象得到了完美的解释，甚至可以通过精确的计算预言出原来无法直觉想象的现象。可以说，量子力学的创立和发展，革命性地推动了社会的发展和进步，把科技水平提到了一个新的高度。

量子力学与经典力学的区别

量子力学的出现虽源于经典力学无法解释微观物质的运动现象，但量子力学作为一门新兴的自然科学，与经典力学还是有着巨大的区别。

一是它们所处的时代和所起的作用不同。16 世纪前的两千多年，人们对客观世界自然物理现象的认识，主要依赖于古希腊哲学家亚里士多德关于力和运动提出的许多观点。但从 16 世纪开始，许多科学家、天文学家、哲学家通过实验和对天文现象的观测，发现亚里士多德的观点存在许多错误，因而试图纠正并且也纠正了许多错误，使人们对客观物质世界有了进一步的正确认识，并在此基础上得到了系统的发展。1687 年，牛顿发表《自然哲学的数学原理》，提出了三大运动定律，即惯性定律、加速度定律和作用力与反作用力定律，随后又提出宇宙中的万有引力定律。此后，麦克斯韦又对光、电、磁提出了新的解释。这样，牛顿力学取代亚里士多德的观点，成为解释一切自然现象的权威理论长达三百余年。而量子力学问世不过一百多年。量子力学扩展了经典力学所能解释的自然现象范围。量子力学不仅能以全新的方式，完整、客观地解释微观物质的运动现象并总结其运动规律，而且也能从微观粒子的量子态的角度和方法来描述和解释宏观物体的运动现象和规律，甚至以同样的原理和理论探讨宏观物体的自然现象。因此，它与爱因斯坦相对论成为现代物理体系的两大支柱。特别是在当今世界，量子力学带来的科技革命，促进了社会进步，极大地改变着人们的生活，冲击着人们在各个领域和环节中的陈旧观念和认识，使其当之无愧地站在了科学理论领域的前沿。当然，量子力学与经典力学之间不存在相互取代的问题。经典力学以其直观和便于掌握等特点作为自然物理特别是日常生活现象的基础理论，在基础教育和科技应用推广方面仍然发挥着巨大的作用。

二是它们所涉及的物理领域及对象不同。量子力学与经典力学虽然都是描述物质运动的科学，但经典力学是在弱引力和低于光速情况下描述和解释宏观物体运动现象和规律的自然科学，针对的是具有独立化学性质且有一定形态的自然物体。而量子力学是描述和解释微观物质，即原子和亚原子以及凝聚态物质运动现象和规律的自然科学，量子力学研究的对象是不具有连续性和独立化学特性的微观物质——粒子的运动状态。举个例子，在经典力学中，铜和铁虽然都是金属，但铜就是铜，铁就是铁，二者化学性质不同，不能混淆。但在量子力学中，虽然组成铜和铁的分子不同，但组成铜分子和铁分子的原子中的电子、中子、质子是相同的，它们属于组成一切物质的基本粒子。因此，量子力学关于电子的运动现象、规律描述和解释，既适用于铜，也适用于铁。此外，经典力学描述的是一个具有物态形式的物体，它的运动状态一目了然，运动现象的产生和结果十分明确，属于决定性的自然科学。而在量子力学中，微观物质的运动状态不可直观，且受一切与它有关的因素影响，所以具有许多可能的运动状态或称量子态，必须将所有的可能按次序迭加“打包”成一个不确定的新的量子态。我们在了解或者需要改变微观物质量子态的过程中，需要把影响量子态的各种因素都包括在内，看成是一个系统。我们对微观物质量子态的研究，实际上是对系统的研究，这和经典力学是不同的。

三是对物质运动状态属性的认识不同。经典力学与量子力学都认为物质有波动的性质，也有粒子的性质。但经典力学把物质的波动性和粒子性对立分开，即物质要么具有波动性，要么具有粒子性，非波即粒，非粒即波。而量子力学理论认为，一切物质都同时具有波粒二象性，即既具有波动性，又具有粒子性。在这个方面，最具有说服力的是光。牛顿最开始把光说成是粒子性的，认为光是由于引力的作用，光粒子从光源中被引力吸出在媒介中直线传播。这个理论解释了光的倒影现象，但解释不了光的衍射现象。所谓衍射，是指光通过一条缝隙后在幕墙上形成的并不只是一道光影，而是有多道明暗交替的影像，其明暗程度有序地排列。这说明光线通过缝隙后并不完全是直线传播，有部分发生了偏移即衍射，这与粒子说是矛盾的。后来有了麦克斯韦的电磁波理论，用波的原理解释光的衍射，于是把光的粒子说变成了波动说。但后来德国科学家赫兹做了一个著名的实验：他把一束一定波长的光照射到某些金属片上，竟然发现金属片有电子溢出，说明光转变成电了，这就是著名的光电效应。这个实验说明光也是能量，也是量子化的，因此光就具有了波粒二象性。此后通过实验进一步发现，尽管物质表现出波动现象时没有表现出粒子现象，表现出粒子现象时没有表现出波动现象，但这两种现象都可以解释同一量子态，而且缺一不可，可见它们之间存在着互补关系。这也证明了所有的微观物质都具有波粒二象性。这是量子力学中很重要的一个规律。

四是它们描述的方式不同。经典力学描述和解释物体的运动现象直观，结果明确，爱因斯坦称它为“定域实在性”。然而量子力学对微观物质运动状态的描述因为不可直观，只能以“量子态”描述。甚至有的现象传递速度超过了光速，爱因斯坦称它为“鬼魅”的现象，始终不认可它，在量子力学中，被称为“非定域实在性”。

五是描述的状态不同。经典力学描述物体运动随着时间、空间的变化而变化的状态只有一个。而量子力学描述的微观物质运动时的量子态随着时间、空间变化而变化的状态至少是两个或两个以上，变化后的量子态是许多量子状态的迭加而形成的一个新的量子态。在量子态的变化中，量子力学有两种表示：一种是从波象出发，在量子态与时间构成的坐标图上，我们可以看到量子态的曲线在同一时间内是迭加的。因为量子态不可能直观，所以只能以一个函数的形式来表述，我们称它为“波函数”或者“态函数”。另一种则是从微观物质的粒子象出发，以矩阵坐标的形式构成矢量图，量子数表示粒子的自由度。这两种方法所描述的量子态是一致、等价的。

六是各自预言的结果不同。经典力学描述物体的运动状态过程都是确定的，按照经典力学的运动规律就可以确定物体运动的状态结果。而量子力学在描述微观粒子的某一量子态时，具有一系列的可能值，每个可能值都以相同的概率出现，所以整个系统的量子态也是不确定的。特别是一旦去测量或者观察它，迭加后的量子态立刻就会坍缩成原来的状态，即便你想方设法地避开观测造成对系统的影响，但每次观测都还是会有不同的结果，总是感觉测不准，只能用一个平均值来表述。这是量子力学的一个奇特现象。如果从因果关系上看，经典力学毫无问题，因果明确。但量子力学就不同了。量子力学有两种结果。一是像经典力学一样，按运动方程运行，这是一种结果，这个没有问题。二是由于观测改变了体系状态，迭加遇到了坍缩，状态变得可逆，变成了先有结果，后有原因，这不就违背因果关系了吗？因此，这说明经典力学的因果关系不适用量子力学。量子力学代表的是一种概率因果论。它表达了态函数在整个空间中所起的作用。按照这个逻辑，我们既可以知道体系的未来，也可以知道体系的过去，这是非常奇特的。

七是信息传递方式的不同。在经典力学中，一切信息的传递必须有中间的传导媒介。声音在空气中的传播靠的是空气中气体元素振动的传播，电的传播必须依靠导电体中电子的传递，力的传播必须依靠施力方与受力方的接触，即便是磁场或者电磁场，也是一个传导体。而在量子力学中，有一个奇特的量子纠缠现象，即同一系统中两个相距遥远的粒子，其中一个粒子状态发生变化，另一个粒子即刻发生同样变化，但看不到它们之间有任何媒介的作用。这是包括量子力学本身在内的所有科学理论至今无法解释的现象。

总的来说，如果要问经典力学与量子力学在本质上究竟有什么联系与区别，我们可以这样说，量子力学与经典力学都是描述物质运动的科学，量子力学建立在经典力学的基础上。经典力学描述的是宏观物体的运动，量子力学描述的是基本粒子的运动，而且描述的方法完全不同。经典力学描述的运动是连续的，量子力学描述的物理量是不连续的。经典力学把物质的波动性和粒子性分开对立，量子力学则把物质定义为同时具有波粒二象性。经典力学可以具体、直观地描述被观察体的运动，量子力学只能以量子态波函数的形式来描述。经典力学中，对运动物体的观察不影响被观测体的运动过程和结果，量子力学则观察直接对被观测体的运动状况构成影响，造成被观测体的迭加状态坍缩。经典力学是决定论，运动结果是确定的，量子力学是非决定论，粒子的运动结果具有概率性与不确定性。经典力学通过传导体传递信息，量子力学可以不通过传导体实现超距远隔粒子的关联。经典力学物体的运动具有定域实在性，量子力学的粒子运动信息传播具有非定域实在性。

由此可见，经典力学与量子力学，从对象到结果，全过程的方式、方法、状态不相同，它们是相互完全独立的自然学科。

量子力学 在现代物理中的地位和作用

科学技术是第一生产力。在当今高速发展的经济社会中，科技进步无疑起着决定性的作用。一个世纪以来，正是由于量子力学和爱因斯坦相对论的建立，突破了经典物理给科学技术进步和经济建设发展带来的瓶颈式困惑，形成了现代物理体系，并且成为现代物理的两大支柱。

我们来回顾一下，量子力学在现代物理中发挥的作用体现在哪些方面。

第一，在能源方面发挥了革命性的作用。

能源是经济的命脉。正是由于丹麦科学家尼尔斯·玻尔于 1913 年通过引入量子化条件，提出了原子模型的定态假设和频率法则，并在 1921 年全面解释了原子结构，列出了元素周期表，同时还在 1927 年 9 月提出了著名的“互补原理”，才使人们在能源领域打开了新的眼界。可惜的是，1939 年第二次世界大战全面爆发，原子能的应用最先落在了制造原子弹上。当时德国法西斯首先发起了对原子弹的研究，遭到科学家们的抵制。1944 年，玻尔、费米参与了美国原子弹的研制，使美国首先造出了原子弹，并用在了战场，轰炸了日本的广岛和长崎，使无辜平民大量伤亡。1945 年，玻尔回到丹麦，此后致力于推动原子能的和平利用和开发。

如今，核能作为清洁绿色能源的和平利用已经大面积开花，其中最具代表的是核能发电。据统计，2015 年，核能发电量占全球发电总量的 10.8%。其中，法国核能发电比例最高，核电发电量占法国总发电量的 76.3%。拥有核电站数量最多的是美国，共有 104 座核反应堆，核电发电量占美国总发电量的 19.5%。我国核电发电量占总发电量的 3.01%（台湾地区除外）。我国的核电站建造技术已处于世界的前列。

在军事领域，核打击和核防御始终是军备竞赛中的首选。核弹、核动力军舰、核潜艇、核航母乃至核动力飞机的研发，一代超过一代，使得世界有关核大国不得不签订裁减限制核武器和禁止核扩散协议。

除核能外，将牛顿的能量守恒定律与量子力学的光电效应等理论相结合，使太阳能、风能、辐射热能转换成民用和其他用途需要的能源也大量产生。我国是世界上最大的太阳能设备出口国。推广清洁绿色能源成为人类的共识，电动汽车取代燃油汽车的时代即将到来。

第二，量子力学的光电效应带来了光电转换的一系列新技术。

例如激光技术的发明与应用，包括激光照明、激光探测、激光控制、激光切割、激光制造、激光治疗、激光武器等。我国于 1990 年成为世界上第一个研发出深紫外固体激光晶体 KBBF 的国家，这是制造激光武器的核心材料，2009 年我国停止出口。美国直到 2016 年才宣布突破了这项技术。但 2015 年，我国又研制出超过 KBBF 的深紫外固体晶体 RABF，使我国的这项技术继续在世界保持领先。

第三，受量子力学原子结构等多项理论的影响，二极管晶体技术带来了制造业的革命。

半导体技术应运而生。首先是结束了利用金属丝电阻耗能致热发光的历史，用上了更加明亮的荧光灯管、节能灯泡、LED 照明灯泡。其次是晶体发光技术产生了荧光屏显现技术从黑白向彩色、从电子管向晶体管和射电激发到二极管发光的多次革命，并使显像像素不断提升。现在已普遍达到 4K 的水平，并向 8K、16K 技术继续挺进。

超小集成电路板代替了原先大而笨重的电子管电路板，实现了收音机、电视机以及各种电动机械的超小型化和便利化，大大提高了工作效率，降低了生产成本。照相技术不再使用胶片，电视机从 9 英寸的黑白技术到现在的 70 英寸彩色显示。显示屏的超薄技术更进一步先进到不足 3mm 厚，而且目前还出现了曲面甚至可以自由弯曲的显示屏等。

在量子计算方面，人们从纯数字化的计算中解脱出来，从微观粒子的排列组合中找到规律，以“0”和“1”两个数字的二进制数字编码，发明了电子计算。根据波函数的迭加原理而发明的量子计算机，不但大大提高了运算速度，还使电子计算机从数层楼高的超大型实现了小型化，出现了几乎家家户户都在使用的桌面液晶平面电脑和便携式移动电脑。目前世界上运算速度最快的计算机是由我国中国科学技术大学、中国科学院—阿里巴巴量子核算实验室、浙江大学、中国科学院物理所等联合研制的“光量子计算机”的原型机。研究人员利用自主研发的、综合性能国际最优的量子点单光子源，通过电控可编程的光量子线路，构建了针对多光子玻色取样任务的光量子计算原型机。在全球首次实现了 10 个超导量子比特的高精度操纵及运用，比世界上首台电子管计算机能力高出数百倍，比首台晶体管计算机计算能力高出数十倍，比 1946 年制造的电子计算机、电子数字积分的通用电子计算机计算能力也高出了十倍以上。需要上百年才能计算出来的数字，量子计算机只需要 0.01 秒就可以运算出来。特别是这台计算机拥有高级的防御技术，其技术难以解密。另据媒体报道，美国微软公司于 2018 年 4 月初宣布在量子计算方面也获得了重大突破。研究人员观察到了被称为“天使粒子”的马约拉纳费米子存在的有力证据，电子在导线中分裂成半体，从而使微软的拓扑量子计算机又前进了一大步。

第四，量子力学加快了人工智能化的步伐。

随着量子计算的运算能力不断加强，人工智能的步伐加快。无人机、无人驾驶汽车、无人管理超市、无人值守银行、指纹识别、刷脸识别已经进入市场化。设备自动化程度越来越高，各种各样的人工智能设备层出不穷，智能手机在日常生活中的应用已经习以为常。机器人相继出现。特别“令人担忧”的是有的科学家正在“培育”机器人的自我意识能力，使机器人能够自我思考、自我修复甚至自我制造。

众所周知的机器人阿尔法狗连续打败世界围棋顶尖高手，使一些人怀疑人类最后是不是反过来会受机器人控制。就连世界著名物理学家霍金也曾忧心忡忡地表示：“人工智能能自行发展，并且以从未有过的速度重塑自我，而人类受限于缓慢的生物进化，终将因为无法与之抗衡而被替代。”

数字化时代彻底改变了人类的社会生活，信息技术的进步真的使人做到了以前想都不敢想的事。互联网使人类真正具有了“千里眼、顺风耳”的功能，孙猴子虽然一个筋斗十万八千里，但他还没着地，我们已经把信息掌握在手了。如今，云计算、大数据已经深入政府部门、大型企业、商贸运营、军事领域各行各业的高端管理。例如，在城市管理中，大数据可以很快地分类出人口密集、交通堵塞、气候环境、治安状况等各种情况出现变化的概率，以便做到预先统筹安排，管理有序。在全球化的商贸大格局中，大数据更是企业的命脉。企业必须依靠大数据进行全球布局，实现市场份额占有的最大化。

第五，量子通信技术正在逐步实现。

传统的世界通信网络，如邮政电信、气象预报、航行定位、广播通信、时间时区管理和服务部门等在信息化时代都面临着“全球治理”的问题。如今，数百个通信卫星高悬在地面上空，时时刻刻传递着各种信息。例如全球导航定位系统，现已有 4 个：①美国的 GPS，由 24 颗卫星组成，分布在 6 条交点互隔 60° 的轨道面上，精度约为 10m，已经覆盖全球；②正在组建且比较成熟的俄罗斯“格洛纳斯”系统，由 24 颗卫星组成，精度在 10m；③欧洲“伽利略”系统，由 30 颗卫星组成，定位误差不超过 1m；④中国北斗卫星导航系统，它是继美国、俄罗斯之后第三个成熟的卫星导航系统，由空间段、地面段和用户段三部分组成，已经初步具备区域导航、定位和授时能力，据说该系统全面建成后精度将超过美国和欧洲。2017 年 11 月 5 日 19 时 45 分，我国在西昌卫星发射中心用长征三号乙运载火箭，以“一箭双星”方式成功发射第二十四、二十五颗北斗导航卫星。2018 年 1 月 12 日 7 时 18 分，我国在西昌卫星发射中心用长征三号乙运载火箭，又以“一箭双星”方式再次成功发射第二十六、二十七颗北斗导航卫星。北斗的全球组网即将逐步完成，目前已与美国、俄罗斯达成有关联网互通的协议。

特别要提及的是我国发射的墨子号保密通信卫星。这是全球首个利用量子力学中的量子纠缠现象而设计制造的保密通信卫星，由中国科学院院士潘定伟所带领的团队完成研制。它标志着我国在卫星保密通信方面已经远远走在世界前列。我国计划在 2030 年前后建成覆盖全球的量子完整保密通信网络。

第六，量子力学的建立为天体物理、宇宙探索的深入研究发挥着奠基石的作用。

虽然说量子力学是建立在微观物质的运动规律上，但这些“微观物质”正是组成地球和所有星系以及宇宙的已知成分。正是通过量子力学与爱因斯坦相对论的观察研究，我们发现了黑洞，提出了暗物质、暗能量的可能存在，为宇宙起源及宇宙未来的研究探讨发挥影响，甚至为寻找地外生命提供了理论和实践的基础。

量子力学的建立深刻地改变了人们对客观世界的认识，甚至颠覆性地改变着人们的世界观。微观粒子存在的客观现象同样使既有的哲学理论面临无法解释的尴尬局面。戏剧性的是，恰恰是这些研究量子力学的科学家们、一些自然科学领域的泰斗级人物挑起了表面上看起来与他们处心积虑所从事的专业毫无关系的一场论战，而且这场论战还有着愈演愈烈的趋势。

例如，有人认为，量子力学中的量子态寓意着各种可能性的平行存在，那么在自然界中，是否存在着多个平行的宇宙？人类也是自然界的一部分，也是由基本粒子所组成，那么如何解释人的思维与意识？如何释梦？是不是真有灵魂的存在？人死后灵魂去哪里了？还有人提出，人体感应是不是量子纠缠现象？尽管看起来这些稀奇古怪的问题与量子力学作为物理学的本意并不一致，但量子力学对人们思想观念带来的冲击可是确确实实的。

当然，人们并不惧怕论战。自从人类有史以来，包括宗教在内的哲学思想领域的斗争就从未停止过。辩论的结果始终是促使人类更加正确地认识了客观世界，更加正确地认识了自己，从而也促使了社会的不断进步。

我们正在进入一个以网络化、信息化、智能化为代表的第三次科技革命时期。量子力学和爱因斯坦相对论正是这场革命的推手。可以说，目前还只是处于初期阶段，狂风暴雨似的变革在未来几年或者十几年就将来临，这是一场真正触及人类灵魂的大革命。虽然它只是科学技术的进步，但它与市场经济结合在一起，其产生的爆破力如同聚变产生的核能，会波及社会生活的各个层面！也许有些人现在正在嘲笑科学界对外星人的探求和对移居地外星球的探讨是在瞎胡闹，说不定有一天，尽管这一天还十分遥远，却会变成人们不得不思考的问题。当智能化使得不再需要那么多劳力的时候，当老年人不再“老”的时候，当街头出现那么多熟悉的面孔却原来是机器人的时候，当你在旅途中不再为交通浪费宝贵时间的时候，你可能会很不适应，也可能会很适应。如同 20 年前从深圳到长沙能躺在特快列车的卧铺里睡上十几个小时就十分满足一样，如今能坐上 3 个半小时到长沙的高铁，你再也不想坐那“特快”了！

量子力学的基本内容及经典实验和理论建立

量子力学的基本内容

建立量子力学理论的经典实验及论述

- 普朗克定律和黑体辐射
- 光的波粒二象性、光量子
- 玻尔原子理论
- 德布罗意微观粒子波粒二象性
- 不确定性原理及矩阵理论
- 薛定谔方程
- 玻尔互补原理

量子力学的基本内容

量子力学的基本内容包括量子力学的研究对象、表达方法、量子理论、理论的关联、物理量之间的对应规则和物理原理等。

研究对象

在量子力学中，我们需要研究的对象是微观物质，即小于分子的原子、电子、中子等所有粒子的运动现象和规律。又因为是微观粒子，它们的运动状态是量子化的，所以我们要研究的是构成这些微观粒子系统的量子化状态，即量子态。量子态由一组量子数来表示，这组量子数的数目等于粒子的自由度数。因此，微观粒子有多少个自由度，就有多少个可能的运动变化。我们把所有参与变化的因素组合成一个系统，这个系统包含了在微观系统运动过程中的全部信息。

量子态是创立量子力学的基础，是研究量子状态、量子吸收和释放能量以及量子运动规律的来源。量子力学中所表现出来的各种微观物质系统的运动状态，都是该微观物质系统量子态的反映。无论是量子通信、量子激光，还是量子传输、量子切割，都是量子态的变化。

例如量子传输，我们曾经见过一部国外的科幻电影，描述一位科学家做了一个隐形传输的实验。他把一只小狗放进一个封闭的实验室里，通过分析重组，希望从另一间互不连通的实验室里走出这只小狗。第一次实验失败了，出来的是一摊小狗的血。后来他把自己当成实验品走进了实验室，却不小心同时飞进了一只苍蝇。结果实验是成功了，但他身上已带有了苍蝇的粒子。不久后，他长出了翅膀和长长的体毛，可以飞到天花板上，无奈之下，他毁掉了实验设备，也结束了自己的生命。

这虽然是部科幻影片，但在量子力学、量子科技迅猛发展的时代，却有一天可能成为隐形传输的事实，至少是非生物的传输。

当然，具有量子化状态的物理量不是孤立的，它们之间有着对应的关系。在光电效应实验中，光量子的能量转化为电子流的能量，它们之间就有着能量转化的对应关系。又比如动量与能量，速度在不同介质中的传递、势能与动能等物理量的量子态转换等，都有着对应的关系。

举一个原子中电子绕核做恒稳运动的例子。

电子在没有外来能量激发的情况下，总是绕核做恒稳的运动。

电子绕核运转的轨道反映了电子所处的能级状态，轨道不是连续的，因此轨道上的每个位置都有着不同的能量表现，决定了在同一轨道上不可能有量子态完全相同的两个电子。每个位置对应一个量子能量，电子所对应的某个量子态就是某个位置，而其他位置可能是空着的。不同的电子对应不同的能级和不同的位置，这就是不同的量子状态。当电子受到外来影响吸收或者释放能量时，它会跃迁到另一个能级而再度恒稳。在这一过程中，角动量、势能等都会对应转换，从而保持量子态的平衡。

表达方法

在量子力学中，我们用来描述量子态或者说物理体系状态的是波函数。这个波函数在表达方式上用量子力学的算符 ψ 表示。

用算符来表示量子态的变化非常重要。因为在量子力学中，对某一状态的量子体系的观察、测量、干涉与改变，都会有不同的物理量，因此都要引入不同类型的算符，对应于代表该物理量的算符对其状态函数的作用。

算符字母的用法、排列方式都有一定的规则，表示一定的意义。

状态函数的符号都有代表性名称，如狄拉克符号等；同时状态函数中还有状态密度符号等其他符号。算符的算法也有多样性。比如薛定谔表示的数学方法，他认为态函数就是连续函数。因此，算符也是可以对函数进行微分、积分、加减乘除、取绝对值等操作的数学符号。

而狄拉克表示的另一种数学方法是用狄拉克括号表示的态函数，它是完全不一样的针对算符的数学方法。还有一种方法叫向量化。向量化的态函数对应的算符是可以对向量进行操作的矩阵。

因此，当一个操作（如测量、改变）被施加在一个系统上时，就有一个数学上的算符作用在一个态函数上。如果要了解我们如何改变这个系统或得到这个系统的参数，我们可以从算符的变化上得到一个新的态函数。这个新的态函数代表了我们改变之后的系统。

在我们所有的测量操作中，并非所有操作都能得到可以观测的结果。而如果是能够得到可观测结果的操作，那就意味着它所代表的算符具备某种共性，这种共性被称为厄米性，这类算符被称为厄米算符。虽然这些数学模式对量子力学非常重要，但侧重于普及需要，我们不做过多介绍。

理论概念

量子力学中基本理论的形成分为两个阶段。第一阶段出现于1900 年至 1925 年之间，是观察发现量子现象后试图用经典力学理论解释量子现象的成因，但遇到了困境。这个阶段称为旧量子理论阶段。第二阶段是发现用波函数和数学矩阵方法完全可以解释微观物质的运动规律，从而建立了完全独立、全新的量子力学理论。

所谓的旧理论和新理论大致可以分为以下几个部分：

一是由黑体辐射实验观察而获得的普朗克定律。这个实验结果说明能量是可以连续分割的物理量，当这个物理量不断分割到不能再分割时，不能再分割的部分就叫能量子，而这个可以分割的物理量就是说可以量子化的。并且由此获得一个热辐射能量的量子化公式。其中有一个符号代表普朗克常数。

二是爱因斯坦的光量子说。爱因斯坦利用普朗克定律成功地解释了光电效应，并指出光具有波粒二象性，光也可以分割，从而也有光量子即光子的存在。

三是玻尔的原子结构宇宙模型理论。玻尔通过实验和计算发现并证明，原子由一个原子核和一个或多个电子组成。所有的电子按照各自不同的圆周半径围绕着原子核转，就像星系中行星围绕恒星转一样。核外电子层最少 1 层，最多 7 层。第一层最多有两个电子。同时认为以原子核为中心的不同电子圆形轨道是不同能级的表现。电子带有负电荷，原子核带有与所有电子电荷相等的正电荷。玻尔还通过简

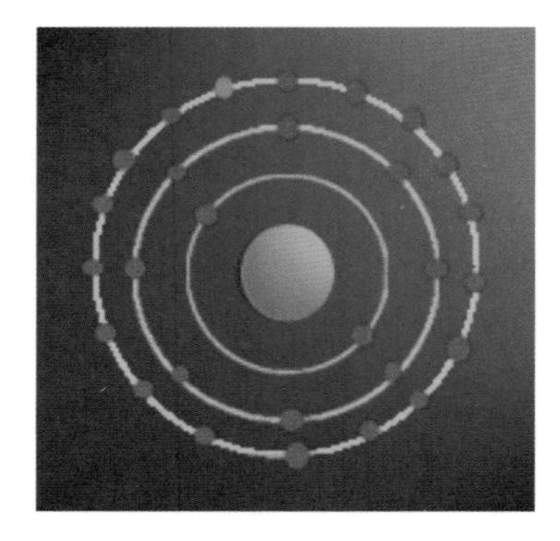

原子中外三层最多电子数示意图

单的数学方法计算出了氢原子的光谱。

以上三项理论被称为旧量子论。虽然并不很完整或一致，但已经是量子力学的启蒙。特别是对量子和量子现象的发现，拓宽了我们对客观物质世界的认识，达到了经典力学未能达到的领域。

四是法国科学家德布罗意提出的不仅光具有波粒二象性，所有的微观粒子也都具有波粒二象性。这就意味着所有的微观粒子，包括原子中的电子、质子、中子等基本粒子都具有共同的量子特性，其中波的概念已不单纯是光波、电波、辐射波等，而统属于物质波了，这就为建立完整独立的量子力学理论前进了一大步。

五是德国物理学家海森堡提出的不确定原理和矩阵理论。海森堡从观测系统运动变化的多种量子态出发，提出了量子态的概率迭加说，也就是波函数迭加而使得观测结果的不确定性，并指出这是量子力学微观物质运动所具有的客观规律，称为不确定原理。为了解释这个现象，海森堡从粒子的图像出发，用数学矩阵的方法，论证了不确定原理的正确性。海森堡理论从客观规律和数学表达两个方面描述了微观物质的运动现象，是对量子力学形成的重大贡献。

六是薛定谔波动方程。奥地利科学家薛定谔为了解释微观粒子运动观测结果的不确定性，从物质的波动图像出发，以数学方程的运算提出函数波的迭加原理并从中求解，同样获得了对不确定性做出的数学论证。经过许多科学家的比对确认，薛定谔函数波方程与海森堡矩阵理论是等价的、不矛盾的。它们是用不同的数学方法解决了同样的问题。

七是玻尔的互补原理。这个原理解释了所有物质都具有波粒二象性，然而波动性和粒子性在观测上却是互斥的，即在观测波动性时看不到粒子性，在观测粒子性时看不到波动性，但它们却又是互补统一的。这个互补原理在哲学上可理解为事物的二重性、一分为二、矛盾的对立与统一，具有十分重要的意义。这使得互补原理与测不准原理成为量子力学的两大支柱。

除了上述的基本理论外，量子力学还有几种建立在这些理论上的最奇特现象，这些现象正是量子力学全部理论的集中表现。它们不但唤起了人们对量子力学的极大兴趣，而且改变了人们对世界的认识。它们就是量子态的迭加和坍缩现象、薛定谔猫的假设实验现象和量子纠缠现象。

量子力学理论是人类在自然科学方面，在认识微观世界领域中物质运动规律的重大突破。它扩大了人类对自然界的视野，进一步认识了物质世界的客观本质，促进了科学技术的发展，对人类社会的进步做出了巨大贡献。

当然，量子力学理论的建立使我们在进一步了解客观物质世界的同时，也改变着我们的主观意识，冲击着我们陈旧的观念。自然科学可以改变社会科学的认识观是一件好事。

建立量子力学理论的经典实验及论述

普朗克定律和黑体辐射

打铁是旧时人们在作坊中劳动的普遍现象。人们不难发现，在对铁加热的过程中，铁也会辐射出热能。在温度升高到一定程度时，被加热的铁还会发光。铁最初发出来的光是红色的，随着温度的提高，光越来越亮，光的颜色也在不断变化。

按照经典力学的解释，铁受热后散发出来的热能是红外线电磁波。这个电磁波的辐射强度随着物体温度的增加而变化。当物体被加热到一定温度时，红外线电磁波的波长部分开始变成了可见光，并且随着温度的继续升高而变得更亮。这个过程就是一个电磁波的能量吸收、辐射过程。

其实不难发现，不光是铁，任何金属或其他物体都具有不断吸收又不断辐射出热能的本领，也都能在一定条件下发出光来。而且同样都是温度越高，辐射能量越多，发出的光越亮。如果物体完全吸收电磁波发射的能量，那么它辐射电磁波的本领也就最强。

从波谱的层面看，因为辐射出去的电磁波强度是变化的，因此也就具有了不一样的波谱分布。

这种波谱分布与物体本身的特性及其温度有关，因而被称为热辐射。

为了使热辐射的变化规律研究不依赖于物质本身的具体物性，物理学家们设定了一种理想物体作为热辐射研究的标准对照物，这种标准物体称为黑体。而以研究黑体辐射电磁波波长的能量与黑体温度的关系的热辐射称为黑体辐射。

在实验中人们发现，如果不提高温度，加热的铁不会因为时间长而变得更亮，这说明电磁波的长波不会自动向短波转化，因此它不是连续的。只有拉动风箱，提高温度，铁的亮度才能随着吸收能量的增加而增加。

德国物理学家普朗克指出，被加热的铁吸收能量后发出的光从红色到更亮的黄白色是个能量的转化过程，它与时间长短无关，而是随吸收能量的多少而变化。这说明在热辐射的发射和吸收过程中，热能的变化是不连续的，而不连续意味着可以分割。因此，能量值只能取不断分割后再不能分割的最小值的整数倍。这个最小值的能量或者说最小单元的能量就是能量子。他同时认为，如果一个物理量是可以分割的，那么它就一定是量子化的。他在 1900 年 12 月 14 日召开的德国物理学会会议上发表了自己的见解。

这就是著名的普朗克黑体辐射定律。该定律证明了在微观物理现象中，热辐射的波并不是连续不断的。也就是说，所有的有形体，其性质也许是“可量子化的”。“量子化”是指其物理量的数值会是一些特定的数值。

能量子概念第一次向人们揭示了微观世界的物理现象过程的非连续性，为微观世界物理学特别是量子力学的建立奠定了基础。

光的波粒二象性、光量子

普朗克提出了能量子假设。1905 年，德国物理学家爱因斯坦进一步发展了普朗克的能量子概念，提出了光量子假说。

其实，光的粒子论代表人物是牛顿。他认为，光是由一个个独立的、连续的微小粒子构成的，它以固有速度从光源发出，在均匀的介质中以直线方式进行传播。但光的粒子论解释不了光的其他许多现象，比如光在遇到缝隙或细小栅栏时的折射、衍射现象等。

后来，笛卡尔、胡克、惠更斯等提出了光是一种特殊的波而不是粒子的集合。1807 年，托马斯 · 杨和菲涅尔通过实验证实了光的干涉和衍射特性。到 19 世纪中叶，光的波动理论已经完全被学界接受。1865 年，

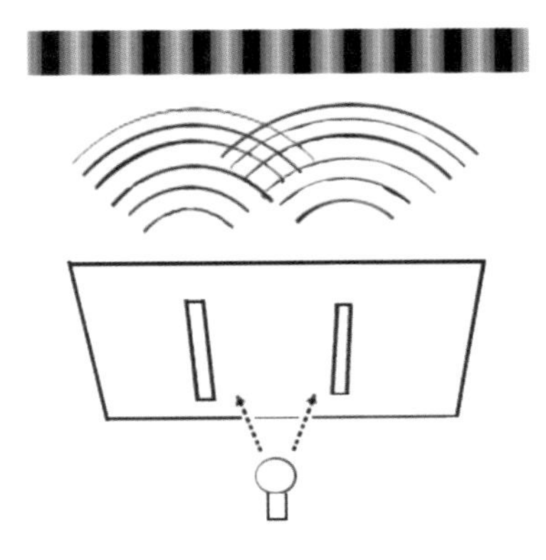

光的双缝隙实验干涉现象

麦克斯韦预言了光是一种电磁波。1888 年，赫兹通过实验证实了光是电磁波的存在，此后，光的微粒说就变成了光的波动说。

1887 年，赫兹曾经做了一个实验，他发现将一定波长的光照射到某些金属表面时，瞬间就会有大量电子摆脱原子核的束缚释放出来形成电流，这就是著名的光电效应。但实验也发现，这种瞬间光生成电的现象，却只与光的波长有关，而与光的波段强度无关，也与光照射的时间长短无关。这个实验结果与光的波动论是不一致的。

普朗克黑体辐射实验提出能量子的概念后，爱因斯坦发现光的这些现象与黑体辐射现象十分相似，于是他把能量子概念与光电效应结合起来。他认为，光谱按照波的长短顺序生成。波长是能量的反映，长波能量弱，短波能量强，光能转变成了电能，靠的就是具有较强能量的短波。这证明，光也是能量。既然光是能量，那么光本身也就是由一个个不连续的、不可分割的能量子所组成的，也是量子化的。既然热能的最小单元是能量子，那么光能的基本单元就是光量子。这就说明，光既有波动性，也具有粒子性，即光具有波粒二象性。而光所激发出的电子叫光量子，即光子。

爱因斯坦提出了光量子概念后，成功地解释了光电效应。

光量子概念及波粒二象性的提出进一步加深了人们对微观世界的认识，使人们进入量子力学世界又向前跨了一大步。

玻尔原子理论

1895 年，英国物理学家卢瑟福通过一系列的放射性实验，提出了有核原子模型，即原子结构像太阳系，原子核带正电，带负电的电子绕着原子核转，它们之间具有库仑力相互作用。同时，卢瑟福还发表了一篇著名的论文《物质对 α 和 β 粒子的散射及原理结构》。

但是，卢瑟福原子模型理论无法解释原子核与电子之间的平衡稳定，即电子绕核做运转时应该不断释放能量。按经典力学要求，电子因能量不断衰减将逐渐缩小绕核运行轨道，以螺旋状绕核运转，直至被核吸收。但观察结果并非如此。电子稳定地待在核外，每个电子绕核运转在轨道上的位置没有变化，轨道与相邻轨道之间的轨道间隔也没有变化。

那么，究竟如何解释这种现象呢？ 1913 年，英国剑桥大学学生玻尔就氢原子模型提出了一个假设。首先，他认为卢瑟福原子星系模型的量子概念是适用于原子系统的。同时他又提出，氢原子系统存在于一系列不连续的能量状态，电子绕核运动的轨道是相互的。在这种状态中，电子绕核运动并不吸收和辐射能量，这是原子系统的稳定状态，称之为基态，或称之为初始状态下的定态。而当电子吸收能量达到一定程度时，电子会从一个低的定态跃迁到另一个高的定态，这个达到跃迁后的状态称为激发态。电子从一个较低能量的定态跃迁到另一个较高能量的定态，会吸收一个光子。从一个较高能量的定态回到一个较低能量的定态，会释放一个光子。前后两个能量差就是光子的能量。这个辐射能量的频率是一种单色光。玻尔用这个理论成功地解释了氢原子的光谱。

这就是玻尔原子理论。在量子力学理论体系形成过程中，这是很重要的一步。

第一，玻尔肯定了原子星系模型的理论基础仍然是普朗克定律，这说明了能量的不连续性是量子力学的基本特性，也再一次奠定了普朗克定律在量子力学中的地位。

第二，玻尔揭示了电子绕核做恒稳运动的原因。电子绕核运动，既没有吸收能量，也没有释放能量，因此其能量是稳定的，状态是稳定的。这和经典力学的解释完全不同。

第三，玻尔把量子概念引入原子体系中，指出原子系统存在于一系列不连续的能量状态。电子轨道本身是不连续的能级，电子只能存在于具有分立能量的定态上，并且电子在不同能量定态之间的跃迁在

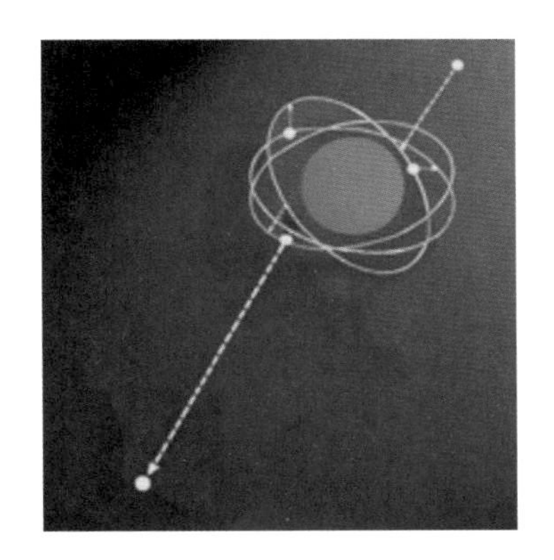

本质上是非连续的。

第四，玻尔成功地计算出氢原子的轨道半径和氢原子的能量。同时，解释了氢原子发射光谱的原因是原子受观察的影响，吸收了观察时的能量才发射出能量，并反映在光谱上。因此，玻尔成功地解释了氢原子光谱不连续的问题。

不过，由于玻尔在实验中把原子中的电子仍然看作是经典力学中的质点粒子，故仍然有其局限性。这说明该理论还没有完全脱离经典力学理论的束缚，它以经典理论为基础，得出的结论却又与经典理论相抵触。玻尔原子理论成功地解释了氢原子的光谱，却解释不了其他原子的光谱，使得以玻尔原子理论来进行其他原子结构的实验时，结果与实验不符。

但是玻尔原子理论仍然具有重大意义。他把量子概念即能量的不连续性引入原子中，打破了经典物理学一统天下的局面，开创了揭示微观世界基本特征的前景，为量子理论体系奠定了基础。

1924 年，奥地利物理学家泡利发表了他的“不相容原理”，指出原子中不能有 2 个电子处于完全相同的量子态上。这一原理使得当时所知的许多有关原子结构的知识变得有条有理，这就是“泡利原理”，也就是泡利不相容原理。泡利也因此获得了 1945 年度的诺贝尔物理学奖。

上面所讲的三个实验及相关理论构成了旧量子论。

德布罗意微观粒子波粒二象性

在人们认识到热能和光都具有波动和微粒的二象性之后，法国物理学家德布罗意提出了所有物质的微观粒子都具有波粒二象性的假说。

1923 年，德布罗意在《法国科学院通报》上发表了有关波和量子的论文，提出一切物质都具有波粒二象性。他以玻尔原子理论为依据，提出原子中的电子围绕核做闭合运动时，相应的有一个正弦波，两者总保持相同的位相。他把这种假想的波称为位相波或者相位波，只有满足位相波谐振，才是稳定的轨道。而谐振条件是，电子轨道的周长是位相波波长的整数倍。这一假说不久后就为实验所证实。

德布罗意认为，只有所有实体的微观粒子都具有波粒二象性，才能解释许多经典力学不能解释的现象。而既然所有物质都具有波粒二象性，那么这种波就是物质波。

随着微观粒子物质波具有波粒二象性的提出，意味着微观粒子的运动规律已经不同于经典力学中宏观物体的运动规律。而既然都是自然界中的同类物质，那么当微观粒子的运动满足一定条件时，它必然会由微观运动过渡到宏观运动，物质所遵循的规律也由量子力学过渡到了经典力学，这也证明了从量子力学到经典力学的连续性，证明了量子力学在自然物理中不是孤立的。

不确定性原理及矩阵理论

19 世纪末和 20 世纪初，科学家们对量子科学的研究不断深入，但量子力学理论体系并没有完全建立。科学家经常用经典力学的方法来解释量子力学中遇到的问题，使得实验和理论结果往往自相矛盾。

1927 年，德国物理学家海森堡和玻尔以及其他众多科学家一起工作，他们试图用实验来证实玻尔原子理论的存在，以便创立没有逻辑矛盾的原子理论，但实验遇到问题而无法继续下去。

实际上，海森堡早就认为，玻尔原子理论是一种无法直接观测和不可由测量来验证的理论，不可能像经典力学一样可以直接观察到物体的运动速度和运动轨迹，也不可能像热辐射和光电效应一样通过实验来推理。

在此基础上，海森堡提出了著名的“不确定性原理”，又叫测不准原理。这个原理说明，我们传统的度量能力是有局限性的。在对微观物质进行测量时，经典力学方法和量子力学方法在测量结果上存在显著差别。也就是说，在大数据情况下，传统的统计学方法可能预言出一个比较准确的结论。而在涉及小数据时，传统的统计学方法往往就无能为力。比如，微观粒子的波动性远大于宏观粒子，以致微观粒子的位置、时间、动量、能量都时刻在变化，不能确定。因此，也就不可能同时准确地测量微观粒子的位置和动量。当位置的不确定量越小时，动量的不准确量就越大；而当位置的不准确量越大时，动量的不确定量就越小。这就是不确定性原理导致测不准的原因，称为“测不准原理”。

为了解决这个问题，海森堡提出了矩阵理论。所谓矩阵理论，是指诸如微观物质的位置、速度等力学量，需要用抽象的“矩阵”数学线性代数来表示，而不是一般的数。海森堡的矩阵力学所采用的方法是一种代数方法，它从所观测到的光谱线的分立性入手，强调氢原子能量的不连续性，使测不准现象得到完整的解释。此外，他还运用量子力学理论发现了同素异形氢，他也因此获得 1932 年度的诺贝尔物理学奖。

1925 年 9 月，玻尔和约尔丹在矩阵理论基础上发展创立了量子力学中的一种新的形式体系——矩阵力学，从而揭示了微观结构的自然规律。

由于海森堡解决了爱因斯坦、玻尔、德布罗意等物理学家在量子理论中所遇到的解释难题，完成了量子理论对微观物质自然规律的正确解释，所以他被公认为是量子力学的创始人之一，是 20 世纪非常重要的理论物理学家和原子物理学家。

薛定谔方程

由奥地利物理学家薛定谔提出的薛定谔方程又称为薛定谔波动方程，是量子力学中的一个基本假设，后通过实验证明了其正确性，成为量子力学中的一个基本方程。它揭示了微观物质运动的基本规律。

在经典物理中，物体在时空中运动的位置状态是能预先确定的。而在量子力学中，其状态不能确定，只能表示其位置状态出现的概率。前面已经介绍过所有物质都具有物质波的概念。1925 年，在爱因斯坦的建议下，薛定谔仔细研究了德布罗意的论文，并产生了物质波需要一个演化方程的想法。薛定谔波动方程就是将物质波的概念和波动方程结合起来，建立的一套二阶制的偏微分方程，以解决出现的概率问题。薛定谔波动方程计算的结果不是位置量，而是位置量的概率函数的分布。

简单地说，就是只要知道微观粒子在量子场中的位置所具有的初始能量，就能给出这个状态的波函数，理论上就能确定微观粒子在任意位置上的运动概率。

在量子力学中，每个微观系统都有一个相应的薛定谔方程式，而通过解方程，可以得到系统波函数的具体形式以及对应的能量，从而了解微观系统的性质。

因此，薛定谔波动方程所描述的波又叫概率波。它标志着量子力学另一种体系形式——量子波动力学的建立。

薛定谔波动方程在量子力学中的作用犹如牛顿定律在经典力学中的作用。它是原子物理学中处理一切非相对论问题的有力工具，在原子、分子、固体物理、核物理、化学等领域中被广泛应用。

在薛定谔创立量子波动力学的同时，海森堡的矩阵理论和矩阵力学也建立起来。两者之间开始互相对立，互不认可，相持不下。后来经过薛定谔的运算，证明了矩阵力学与波动力学在数学上是等价的。之后狄拉克进一步认为，矩阵理论是从粒子象入手得出的结论，薛定谔方程是从波动象入手得出的方程，两者是从不同的角度对同一微观现象做出的解释，因此是一致的。这样就把矩阵力学与波动力学进行了统一，至此完成了量子力学理论体系的完整创建。

玻尔互补原理

前面我们提到，在量子理论提出之前的相当长时间内，牛顿一直认为光是粒子的集合。但牛顿解释不了光的衍射。后来，科学家们通过实验，提出了光的波动说，解释了光的衍射现象。1888 年，赫兹通过实验证实了光是电磁波。此后，光的微粒说就变成了光的波动说。在那个非波即粒的年代，光的粒子性被彻底否定。

1900 年，普朗克提出热辐射能量的量子化假说后，人们又重新对光的粒子性产生了兴趣。1905 年，爱因斯坦用量子的概念，把光看成是由一个个光子的集合组成，从而成功地解释了光电效应，并提出了光也具有波粒二象性，在一定程度上复活了光的微粒学说。

但是爱因斯坦关于光的波粒二象性的学说在实验中也出现了问题。人们在实验中发现，当观测到光的波动性时，光表现出光的衍射、干涉，这表明光是一种波。但看不到光粒子了，也就是观测不到光的粒子性了。而观测光的粒子性时，却又观测不到光的波动性。那么，光的本质究竟是波还是粒子呢？让人难以捉摸。

1925 年海森堡从物质的粒子性出发提出矩阵概念，1926 年薛定谔从物质的波动性出发提出波函数，这两种理论虽然看似矛盾，但在解释量子现象时却得出同样的结果。1926 年，狄拉克证明了这两种理论在数学上是等价的。但这两种互相排斥的属性同时存在于一切量子现象中，使量子力学的本质变得好像不可理解。

1927 年 9 月 16 日，在意大利的一次纪念大会上，丹麦诺贝尔物理学奖获得者尼尔斯·亨利克·大卫·玻尔提出了他的看法。他认为量子现象是无法仅用一种表述来展现的。他说："一些经典概念的应用不可避免地会排除另一些经典概念的应用，而这'另一些经典概念'在另一条件下又是描述现象不可或缺的。必须而且只需将所有这些既互斥又互补的概念汇集在一起，才能而且定能形成对现象的详尽无遗的描述。"也就是说，波和粒子在同一时刻是互斥的，但它们在更高层次上是统一的。

玻尔认为，光不仅是波，它还有粒子性；粒子不仅是粒子，它还有波动性。光既有波粒二象性，而波动性与粒子性却又不会在同一次测量中出现。这说明，二者在描述微观粒子时就是互相排斥的，但二者不同时出现又说明二者不会在实验中直接冲突。但二者在描述微观现象和解释实验时又缺一不可。因此，二者是"互补的"。

这就是著名的玻尔互补原理。

互补原理与不确定原理是量子力学的两个支点。

量子力学有关现象及词义解释

- 量子场论
- 量子坍缩
- 量子纠缠
- 薛定谔的猫
- 量子自旋与自旋量子数
- 量子比特
- 量子算符
- 量子隧穿效应
- 费米子和玻色子
- 量子意识

量子场论

在经典力学中，我们经常提到场，如磁场、电场、引力场等，特别是磁场中表现的奇异现象使我们感到迷惑。两个磁片，当正极与负极靠近时，一种无形的力量将它们紧紧吸在一起。而相同的两个极靠近时，却有一种无形的力把它们分开，这个磁力是怎么产生的呢？又如一个线圈，中间有个并不与线圈连接的轴，当线圈通电后，这个轴就会转动，这就是电磁场的作用。我们依靠这个原理发明了电动机和发电机。

在经典力学中，场是一种特殊的物质，看不见也摸不着，但它确实存在。古希腊哲学家亚里士多德曾设想一种物质叫以太，它存在于大气上层包括宇宙在内的整个空间。后来物理学家笛卡尔把它引入物理学中，用它来解释为物理量传递的载体，如光能在真空中传播是因为有以太的存在。爱因斯坦在狭义相对论中曾经否定了以太，但在广义相对论中又试图把各种场统一起来，形成一种全新完美的理论。他认为，场是一种物质存在的基本形式，弥散于整个空间，具有连续性特征，通常以时间、空间和在此空间中的物理量的强度函数形式表述。比如电磁场，就是一定时间、一定空间内的电场强度和磁场强度的偏微分方程。这个场量随时间、空间的变化而变化。因此，场量就是场随时间而变化的空间坐标和时间的运动函数，时间和空间的每个点的场量都是独立的动力学变量。正如我们在上面所说的电动机的轴在磁场中转动时，空间每个点的位置都存在着角动量，它随磁力大小的变化而变化，是独立的动力学变量。

在微观物质世界中，同样存在着场。因为量子力学是描述微观物质运动规律的科学，因此在量子力学中对场的描述称为量子场论。

量子场论（Quantum Field Theory，QFT）是量子力学和经典场论相结合的物理理论。在量子力学中，一切物质具有波粒二象性。在波象中，它因为振动而产生振幅的表现形式。在粒子象中，它有着标准的粒子物理模型。因为一切物质都是由该模型中的基本粒子构成，所以这些基本粒子可以用量子场论描述。因此，量子场论是粒子物理模型的数学基础。

量子场是把场看成有着无穷维自由度（无处不在）的力学系统、为实现系统量子化而建立的理论。按照量子场论，每种微观粒子都存在着一种场。每种微观粒子场的系统因为有无穷维自由度，所以可以用无穷个互相独立的场量描述，各点的场量可以看作是力学系统的广义坐标，而在力学中可以定义出与这些广义坐标有着对应关系的符合规则的动量。其中，对于整数自旋的粒子，可以写出这些动量的规则对易关系。对半整数自旋的粒子，则用场的反对易关系。

量子力学还能够给出计算各种物理量的期待值，以及规范各种反应过程的概率。此外，量子场论还有一些基本上与符合规则的量子化形式等价的表述形式，其中最常用的是路径积分形式。

综上所述，量子场论描述的是：整个空间充满着各种不同的场，它们之间相互渗透和相互作用。因相互作用激发而发生场的改变，如表现有粒子的出现。不同的激发态，粒子的数目和状态都不相同。原子中光的自发辐射和吸收，以及粒子物理学中各种粒子的产生和湮没的过程都可以用量子场论描述。

当所有的场处于基态时，空间表现为真空。请注意，真空并非没有物质。处于基态的场，具有量子力学所特有的零点振动和量子涨落。在改变外界条件时，真空将发生变化，可以在实验中观察到真空的物理效应。

因为量子场是微观粒子的一种动力学表现，因此反映出有强作用和弱作用，并有微扰和非微扰以及“重正化”步骤之分。

量子场论现已成为现代理论物理学的主流方法和工具，广泛应用于近代物理学的各个分支，并成为各个分支的共同基础理论。它对绝对温度不为零的统计物理学以及超导和量子液体等现象的理论发展起了非常重要的推动作用，而其中最高级的量子场论是描述电子和光子理论的“量子电动力学”。

量子坍缩

“量子坍缩”这个词，有的说成“量子坍塌”，说的是量子力学中的同一种现象。从字面上很好理解，比如用砖砌墙，墙本来砌得好好的，可是一不小心，被外来的东西撞了一下，墙就倒了，或者说塌了。又比如烧炭的煤窑，长久没使用，风吹雨打，破旧不堪，有一天突然垮了，这也叫坍塌。坍塌有两个条件：一是被坍塌物是累迭起来的；二是被外力干预，它即刻倒塌。但现在更多的是使用“坍缩”这个词。因为“坍缩”不仅有“坍塌”的意思，还有“缩小”的意思。缩小不是原有的毁掉了，而是缩变到迭加时的某一种状态。

在量子力学中，坍缩是一种量子态的变化。前面我们说过，在量子力学中，有一种起支柱作用的理论叫不确定原理，即微观物质在时空中的运动状态存在着不确定性，这种不确定性随时间、空间的变化而变化。每一种可能性都有一个函数波（薛定谔波函数）来表示。那么，在一个空间点和时间点上，就存在有许多可能性的迭加，也就是函数波的迭加。当这种迭加波的状态受到另外一种因素的影响（我们叫干涉）时，如观察或者其他设备的影响，这种迭加波的状态立刻消失或者变化成原来许多可能状态中的一种。这种迭加波状态立刻消失或变化的状态现象，就称为量子态坍缩。

量子态的迭加与坍缩是量子力学的经典现象，它的意义在于自然界中的任何现象都不是孤立的。它不同于经典物理，我们看到飞机在天上飞，我们对飞机没构成任何影响。而在量子力学中，我们对微观物质的观察，却直接影响着它的状态的变化，因为无形中，我们自己与微观物质构成了同一个系统，我们之间存在着相互影响，如同成语所说的“牵一发而动全身”再实在不过。这种影响在我们日常生活的宏观世界也许难以体会，但它真实存在，这就使得我们对世界有了进一步的认识。

实际上，人本身就是一大堆原子、电子等粒子组成的，人当然也遵循着量子力学的规律。人对自然界的认识，靠的就是我们的感觉器官。而在我们的感知行为中，就存在着许许多多的坍缩现象。比如我们认真听一首歌曲，有时耳边的杂音并不一定感觉得到。在激烈的战斗中，英勇的战士负了伤，却“忘记”了痛楚。我们在陷入沉思时，眼前的一切似乎都不在我们的眼睛视觉中。由于我们人本身就是处在这个自然界的大系统中，我们的感知都是量子态的迭加，而为什么因为某一种人为的原因，这些感知都不存在了呢？这就是坍缩的缘故。

量子力学能够用不确定原理的量子状态迭加来表述状态的存在。这就是量子力学与经典力学的不同之处。

量子纠缠

量子纠缠是由两个稳定粒子组成系统时的一种特殊量子态，是量子力学理论中最为著名的一种预测现象。

量子纠缠描述的是同一系统中两个分开的粒子，它们之间无论相距多远都处在一种垂直偏振和水平偏振迭加态的关联中。如果没有对它们进行观察，这种迭加现象是不会改变的。但是，当对其中的一个粒子进行观察时，迭加态立刻坍缩，被观察粒子马上随机坍缩到一种状态，而另一个粒子也马上坍缩到另一种状态，即若一个粒子坍缩到水平偏振状态，另一个粒子就会坍缩到垂直偏振状态。

爱因斯坦对这个现象极为反感。改变一个粒子的状态，另一个马上出现相应的反应，这是靠什么传输信息的呢？爱因斯坦把这种现象比作“鬼魅似的远距作用”，意思是像鬼使神差一般。他不相信这种虚空的真实性，认为一定是有一种我们还不知道的隐变量在相互影响着这对粒子，因为是相互作用，所以结果是相反的。他把这个现象称为“定域实在性”。所谓“定域”，是指这种信息的传输不应该也不可能超过光速，两个超距的粒子，一个粒子的变化不可能瞬间影响到另一个粒子。所谓“实在”，是指无论是否观察，这种状态已经实在地存在于那里。

这种纠缠态和爱因斯坦的说法立刻引起人们的思考，如果真是这样的话，那么就是说，一切事物的结果早就是确定了的，只是我们不知道而已。这对认识论和因果关系论是巨大的挑战。

为了证实爱因斯坦关于隐变量的假设，1964年，物理学家约翰·斯图尔特·贝尔提出了“贝尔不等式”，来检验爱因斯坦假设的隐变量是否影响两个粒子的纠缠结果。他设想，如果同时对两个粒子观测，其结果关联程度的分布概率一定满足贝尔不等式，那就证明爱因斯坦关于隐变量的存在是正确的；反之如果不满足，那就证明爱因斯坦的隐变量的预言是错误的。但是以后的许多实验证明量子纠缠现象不符合贝尔不等式，说明爱因斯坦的预言是错误的，量子纠缠现象是非局域的，这是一个很大的突破。

但是许多科学家对这些实验并不满意，因为实验场地太小等各种原因，可能存在“光子作弊”的漏洞。

2016年10月30日，中国科学院潘建伟院士的团队与世界上十余个知名的量子研究团队合作，进行了一次人类历史上首次的地球与月球间的基于“自由意志”的随机数的大贝尔不等式的检验实验，参加实验的志愿者达十万余人。实验通过互联网或者手机无线网络来参加。所有志愿者都可以按照个人的自由意志不断地选择来形成“是”和“不是”的二进制随机数，在进行实验的 12 小时内，共持续产生每秒逾 1000 比特的数据流。实验证实，如果按照爱因斯坦的说法，行为结果早就是预定的，那就不论参与者的行为是否自由，这个实验必定有预定的结果，如此大的数据流必定使实验设备瘫痪。但结果并非如此，设备完好无损，说明量子纠缠的现象是存在的，爱因斯坦的假设是错误的，即行为的结果并不是事先就预定了的。

为了提高人为的量子纠缠的距离，1997 年、2004 年、2005 年、2007 年、2009 年、2010 年、2015 年、2017 年相继实现了纠缠原理的实验验证和百米级到百公里级以及千公里级的纠缠测试。

既然量子纠缠是一种量子态，那么这个纠缠必然有量的多少的度，我们称它为纠缠度。纠缠度就是不同纠缠态之间定量的、可比关系的描述。而在纠缠态中，我们常常用“体态”来描述不同的量子纠缠态。“体态”的概念既能准确地从物理意义上简单鲜明地描述，又有明确的定量意义。

量子纠缠中粒子之间的关联称为强关联。

1935 年，薛定谔在关于“薛定谔的猫”的论文中提到了纠缠态的概念。这是历史上最早出现的纠缠态概念。

在量子力学应用领域，对纠缠态的制备和操控一直是研究的重点，也是量子通信研究的前沿国家争相突破的一个课题。

量子接口是量子通信领域中的一个元器件，实现量子接口之间的多个纠缠是实现量子通信网络化的先决条件。

在纠缠态的制备和操控中，所有国家基本上都采取一条直线式的机械控制通道，这样能够做到一分为二，二分为四。但是如果超过了 4 个接口，就没有办法实现稳定的控制。直到前不久，世界上保持记录的是美国加州理工学院的 4 个量子接口之间的纠缠。

而就在 2018 年 4 月，清华大学交叉信息研究院段路明教授研究组在量子信息领域取得了重要进展，首次实现了 25 个量子接口之间的量子纠缠，使接口数量一下子超过了美国 6 倍。清华大学采取了与直线式方法不同的平面方法，实现了从线向面的转变，成就了 25 个接口的创纪录纠缠个数。

权威期刊《科学 · 进展》杂志认为，这是量子信息研究成果的重大进展。通过这种全新方式，量子控制数量可以大大突破过去的瓶颈，为量子技术构建具超高速、超大容量、高度保密性的新型网络提供了重要基础。

薛定谔的猫

薛定谔的猫是量子力学中一个非常有趣的假设性实验。通过这个实验，可以清晰地分辨量子力学与经典力学对待同一物理现象完全不同的理论观念解读，深刻地描述量子力学观察微观物质运动的规律性方法。同时通过这个实验，还引申出量子力学中极其重要的量子特性。

实验是这样的：假设在一个密封的箱子里，有一只猫和装有放射性物质的瓶子及装有毒气的瓶子。在一定时间内，如果放射性物质衰变放出电子，电子触动装有毒气瓶子的开关，开关打开瓶盖，瓶子放出毒气，猫就会被毒死。但也可能在规定时间内，放射性物质没有衰变放出电子，那么开关就没有触动，瓶盖没有打开，毒气没有放出，猫就没有被毒死。这两种情况都是可能的。有 50% 的可能性是猫被毒死了，还有 50% 的可能性是猫还活着。因此，猫存在着“死”和“不死”两种可能。

经典力学的结论是：猫是死还是活，只有打开箱子才能确定。在打开箱子之前，不能也无法确定箱子中的猫是活着还是死了。

但量子力学认为，猫在密封箱子中的状态可以用薛定谔方程的波函数来表述，波函数是量子态的迭加。猫的死活与放射性物质是否衰变、衰变是否放出电子、电子是否触动开关、开关是否放出毒气等各种状态有关。这些状态迭加在一起，就形成了一个系统的波函数。在没有观察它时，它就处于各种可能性迭加的波函数状态，也就是猫是死是活都有 50% 的概率。而一旦箱子打开的瞬间，波函数坍缩了，猫就处在不是死就是活的其中一种状态。这种是死是活为 50% 概率的解释称为哥本哈根诠释。

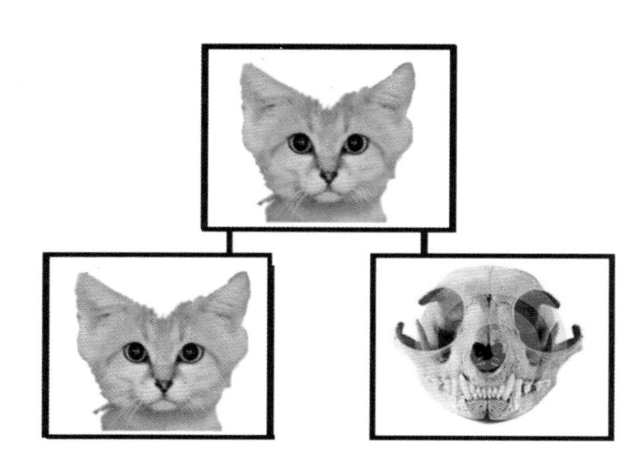

薛定谔的猫

其实，薛定谔假设这个实验的最初目的是想否定宏观物体的量子现象，结果适得其反，这恰恰证明了宏观物质现象中也有波的迭加，也有波函数的坍缩，并揭示了量子力学理论概念中的许多深层次假说。例如在哥本哈根诠释之后，格利宾就用“多世界理论”解释了这个现象。“多世界理论”假设是如果把箱子里的一只猫看成是两只，那么一只是活的，一只是死的，它们在两个平行的相同的世界中，唯一不同的是原子的衰变与没有衰变，使一只猫死了，一只猫没死。在这两个平行的世界中，这一切都是真实的。因此，薛定谔方程始终是成立的，函数波也不会坍塌。这个假设还带来许多概念，如“平行宇宙”“多维空间”等。

薛定谔的猫的实验还告诉我们，量子行为的现象不能靠直接观察所得。在微观世界，物质量子状态的变化由许多波的变化概率迭加而形成的波函数确定。

量子自旋与自旋量子数

在星系模型的原子结构中，电子绕核转如同地球绕太阳转一样，太阳系中每个行星都有自己的运行轨道。根据量子力学中的泡利不相容原理，在原子结构中，没有完全相同的两个电子处于同一量子态中。又如太阳系中每个行星都有自转一样，在原子结构中，每个电子除了以极高速度在核外空间绕核运动外，都还有自转，这里称为自旋。又如太阳系中金星的自转与其他行星的自转方向相反，在电子的自旋中，有的自旋为顺时针，有的自旋为逆时针。在太阳系中，地球自转一周期为 24 小时，那么如何确定原子中电子的自旋呢?

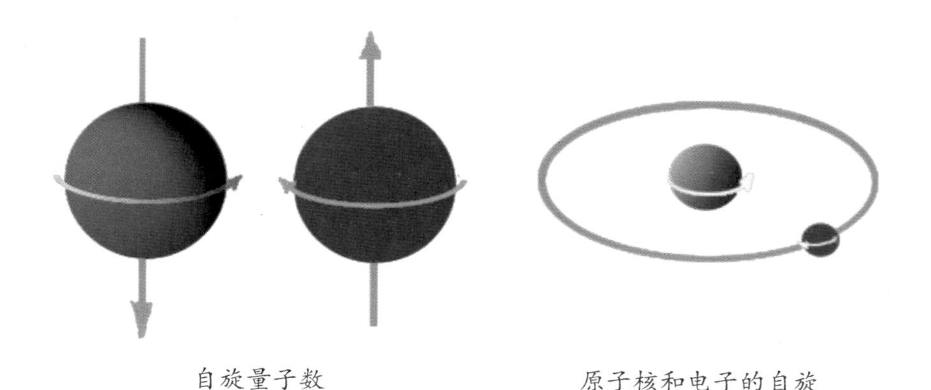

自旋量子数　　　　原子核和电子的自旋

在量子力学中，↑代表电子自旋的正方向，↓代表电子自旋的负方向。两种不同方向的自旋，决定了电子自旋角动量在外磁场方向上的分量。量子力学除了有直接描述原子状态的量子数之外，还有一个描述电子量子态特征的量子数，称为电子的自旋磁量子数，代表着电子在外磁场方向上的分量。这个自旋量子数实际上反映了电子运动变化的概率。

粒子的自旋可以分为以下三种：一是基本粒子的自旋。二是亚原子粒子的自旋，亚原子表示比原子更小的粒子。对于像质子、中子及原子核这样的亚原子粒子，自旋通常是指总的角动量，即粒子自旋角动量和其量子态位置角动量的总和。三是原子和分子的自旋。原子和分子的自旋是原子或分子中没有成对的电子自旋之和。

根据能量越低越稳定的原理，我们还知道，在同一个原子核的电子轨道中，可以有一个电子，但至多只能容纳两个自旋相反的电子。因此，电子的排列总是以保持原子的稳定的低能量为目的，并在此原则上以一定的规律分层次排列。

量子比特

在量子力学中，量子比特其实并没有一个明确的定义，因为不同的研究者采用了不同的表达方式，如量子比特、纠缠比特、三重比特、多重比特等。但是总的来说，它可以理解为是一个量子态特征的表达，或者说是量子信息单位的表示。因此，量子比特具有量子态的属性，特别是在量子测量、量子计算方面的应用十分普遍。

量子比特的英文名称为 quantum bit，简写为 qubit 或 qbit。量子比特与经典比特的区别是，量子比特增加了物理原子中的量子特性，即在经典力学系统中，只有一个比特状态，而在量子力学系统中，在同一时刻至少有两个状态的迭加。这是量子计算的基本性质，也是量子力学不确定原理在量子比特状态中的反映。

原子自身纠缠态的有序排列是量子计算机的物理结构特征，计算机系统运行中的状态记忆和纠缠态都用量子比特来表示。因此，量子计算首先要把系统制备成纠缠态，通过对具有量子算法的量子比特系统进行初始化而实现。在量子力学中，两态量子力学系统指的是单光子偏振的垂直偏振光和水平偏振光两个状态，这个系统在形式上与复数范围内的二维矢量空间相同。

在量子计算机的研发中，往往以实现多少个量子比特来表达其先进性。例如，2017 年 5 月 3 日，中国科学院潘建伟的团队在上海宣布，中国已经构建了世界上首台 10 个超导量子比特的计算机，从而打破了谷歌、美国航空航天局和加州大学圣芭芭拉分校 2015 年宣布的实现了 9 个超导量子比特的高精度操纵的记录。

量子计算机的计算能力是一个什么概念呢？就是现有超级电子计算机几年的计算任务，量子计算机只需一秒钟就可完成。传统计算机花费数百万年时间才能处理的问题，量子计算机几天内就能解决。

量子算符

算符，从字面上就可以理解它是一个数学概念。从数学的定义上讲，它是一个函数集向另一个函数集的映射。然而，任何物理形式的表达都离不开数学形式，所以在量子力学中，也会有算符。例如，薛定谔表示下的算符，就是一个正常的连续的态函数，是一个可以操作运算的符号。

在量子力学中，我们不能像经典力学那样直观地描述物体的运动状态，而是将微观物质所处的时间、空间位置、运动状态的各种可能性统合在一起，称之为“系统”，然后用“量子态”来表示这个系统所处的状态。用一种数学形式来表述它，就是“态函数”。

对于系统的量子态，我们不但需要了解它，观察它，甚至有可能需要改变它。这个观察和改变，我们通常称之为“测量”和“干涉”。由于没有直观性，我们对系统的了解必须借助于设备。设备的出现，对系统来说就是干涉。因此在量子力学中，测量和干涉是同时进行的，它是一个力学过程，有力学量的表现。我们通过态函数描述的变化，就知道了力学量的变化，也就知道了系统状态的变化。

因为测量与干涉同时进行，在我们对系统进行了解和改变时，我们也就只需要用一种数学形式来表达，这种数学形式就是“算符”。也就是说，系统从一个状态向另一个状态改变，或者说态函数、力学量的改变，可以只用一种数学符号来表达，这种数学符号就是算符，如“▽”。

在量子力学中，算符就是态函数的变化，就是力学量的变化，这是量子力学理论的重要表述形式。

量子力学中算符的表示方法有特殊的原则规定，例如使用算符时有规定的正确顺序，以表示这个算符构成的原本意义。运算的求解要在算符的右边，运算完成后或者说算符的表达全部被满足后，那它就不再是算符，而是一个矢量。若放在左边，则仍然是一个算符。

如果只是一个单独的算符，那么它没有意义，说明它是静止的，说明它只是代表一种形式而已。只有在操作时，有力学量的变化或者态函数的变化时，算符才体现出它的意义，说明状态在改变。

不同类型的算符表示系统改变后的不同状态，或者代表不同的系统，或者代表改变后的态函数，或者代表不同的态函数。

按照所有物质都具有波粒二象性的特性，我们可以从两个方面描述量子态：一是从波性出发，以波函数迭加的方式，也叫狄拉克表示;

二是从粒子性出发，以矩阵坐标的方式，也叫泡利表示。

在狄拉克表示下，用狄拉克括号表示态函数，这里就会引入一套新的针对量子力学算符的数学化方法。这个方法有两个优点：一是可以不需要针对某一具体的表象来讨论问题；二是对于表象变换运算的方法简单便捷。

在泡利表示下，因为系统数学化的形式是向量的，这时所对应的态函数算符可以对向量进行操作，所以泡利表示的算符称为矩阵。

向量所出示的空间称为希尔伯特空间。

把狄拉克括号与希尔伯特空间结合在一起，就构成了量子力学的数学形式体系，这是非常重要的基本概念。

在对系统进行测量时，我们可能得到测量的结果，也可能得不到测量的结果，这个结果是系统的反馈。如果能够得到测量的结果，由于波函数是迭加的，那么这个结果值也是多次测量后的平均值且为实数。只有多次测量后的平均值为实数的算符，才能表示量子力学中的力学量，而且这类算符是线性的，这类算符称为厄米算符。

例如黑体辐射实验得到的普朗克定律，它的表达公式是：

$$E = h\nu$$

式中，h 为普朗克常数。

薛定谔定律的表达公式是：

$$i\hbar \frac{\partial}{\partial t} \Psi(r, t)=\hat{H}\Psi(r, t)$$

式中，$\Psi(r, t)$ 为波函数；$\hat{H}$ 为哈密顿量算符；$\hbar$ 为约化普朗克常数，其值为 $h/2\pi$。

以上公式中的符号就是算符。

本书一开始就阐明，对量子力学的深入了解，必须有一定的数学基础。作为一般概念性的普通读物，我们不在数学形式上做更多的描述。

量子隧穿效应

量子隧穿效应是量子力学理论中量子的一种特性的表述。其意思是电子或者其他微观粒子能够贯穿在经典力学看来无法贯穿的壁垒，像打通隧道一般地穿了过去。

可以想象，在经典力学中，一个物体前面有一个比自己还高的壁垒，比如墙，而自己又没有充足的势能翻越它，更不用说钻过去了。但在量子力学中，粒子所具有的能量即便小于钻穿壁垒所需要的能量，它也有可能钻过去。注意不是一定，而是有可能。因为粒子的运动具有波动性，且遵循薛定谔方程的规律。从粒子运动的波函数中出现的概率密度，就可以知道粒子穿过壁垒的概率。其中，穿过的概率与壁垒，我们称它们为结。结与壁垒的高度和厚度以及粒子本身的能量有关。

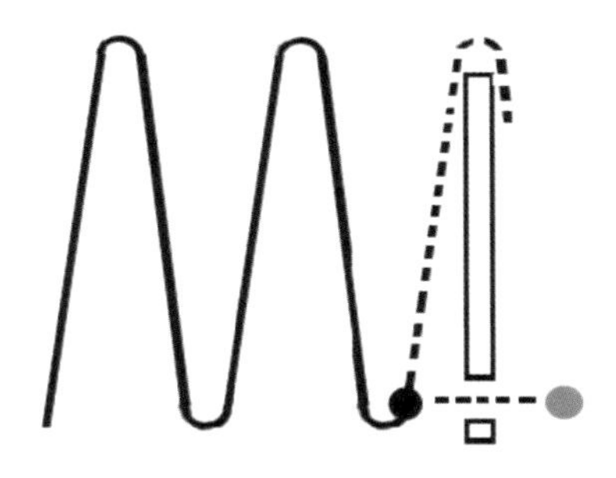

量子隧穿效应

量子隧穿效应最开始起源于对原子核的研究。原子核由中子、质子组成。它们之间有着十分巨大的吸引力，如何使它们突破壁垒分开从而释放出能量，是研究的重要课题。当年在研制原子弹时，就是考虑如何使原子核“裂变”而释放出巨大能量。

量子力学的不确定原理、波函数的迭加、波粒二象性等都说明量子隧穿效应是可能的。1928 年，科学家乔治 · 伽莫夫设计了一个原子核的位势模型，通过对波函数的运算导出了一个粒子的半衰期与能量的关系方程，可以使核中的粒子（阿尔法粒子）摆脱强力的束缚而突破原子核的壁垒，后来我们把这个现象称为量子的隧穿效应。据报道，2012 年 4 月 6 日，英国剑桥大学卡文迪许实验室的科学家，第一次利用光让电子穿过了中间为绝缘体的势垒，实现了量子隧穿。

但是要注意到，量子隧穿效应理论注重的是粒子在波动方面的物理行为，表达的是粒子的“波样性”，而不是能级的行为。同时，量子隧穿效应并不意味着粒子只是具有波一样的行为，实质上就是经典力学中的“质子”。

量子隧穿效应是量子力学中一个十分重要的现象，具有十分广泛的实际用途，特别是在化学反应和超导、“凝聚态”物质的应用方面。

费米子和玻色子

费米子和玻色子是基本粒子的两大分类，费米子得名于意大利物理学家费米。分类的依据是按照基本粒子的自旋数来确定。自旋为半整数（1/2，3/2，5/2 等）的基本粒子，如轻子中的电子、质子，中子中的夸克、中微子，都是费米子。费米子是组成所有物质的基本粒子的统称。而自旋数为整数（0，1，2 等）的基本粒子，如光子、介子、胶子等，都是玻色子。玻色子是传递作用力的粒子。

费米子又由基本费米子组成，基本费米子是不可能再分割的最微小的粒子。基本费米子分为两类：一类是夸克，另一类是轻子。还有一种分法是由三类粒子组成，即狄拉克费米子、马约拉纳费米子和外尔费米子。狄拉克费米子和马约拉纳费米子已被发现，外尔费米子是一种无“质量”的电子，可以分为左旋和右旋两种不同的自旋，这是德国科学家 H.WeyWeyl 于 1929 年所提出的，时隔 80 余年，2015 年 7 月 20 日由中国科学院物理研究所方忠研究员等率领的科研团队发现。

在量子力学的量子态表现上，根据泡利不相容原理，如果一个系统完全是由同一种粒子组成，那么这个系统的量子态上只能有一个粒子，没有任何两个费米子能有同样的量子态，这就是费米子。

玻色子则和费米子相反，它们没有相同的特性，也不能在同一时间处于同一地点。玻色子不遵循泡利不相容原理，而且在量子态的表现上，它在同一类粒子组成的系统量子态中，可以有多个粒子出现。它的能量只能用不连续的量子态表示。有人把玻色子和费米子比作中国古代的阴阳太极，波色子为阴，费米子为阳。玻色子是物质存在的基础，费米子是物质存在的形式，二者缺一不可。

费米子的发现具有重大意义，首先是对物质世界的认识。直到今天，我们的学校课本中还是把物态分为液、气、固三态。但 20 世纪中期，科学家认为有第四态——等离子态。1995 年，美国的一个研究小组就宣布创造了第五态，即玻色—爱因斯坦凝聚态。2004 年，同是这个小组宣布创造了物质的第六态——费米子凝聚态。这项成果对于超导技术的发明应用意义非凡。

其次是在技术创新上。其中，玻色—爱因斯坦凝聚态非常特别。因为这种凝聚态不是自然界中所见到的凝聚态物质，它是根据费米子的特性，将成千上万的同一种量子态的超冷粒子，利用玻色子特性凝聚在一起而形成的新物质。它在芯片、精密测量、纳米等技术研发上发挥着巨大作用。

量子意识

量子意识并不是量子力学本身的内容，也不属于科学的范畴，但是当今世界，特别是进行有关量子力学的讨论时，经常会提到它。

意识不具有重复性与可验证性，但它具有可体验性。

在以往的自然科学中，从来不讲意识，把意识归纳到精神世界。这样，意识就与思想认识、世界观、人生观、价值观挂上了钩，完全属于了社会科学的范畴，以致在哲学界对什么是“自由意志”也产生了激烈的争论。

当然，自然科学讲意识是讲形成意识的科学本质，而社会科学所讲的意识是讲对客观事物的主观态度，这是两种截然不同的概念。

经典力学无法解释意识，是因为经典力学是建立在牛顿力学和爱因斯坦相对论基础上的决定论，有着鲜明的因果关系，它很难将主观与客观严格分辨。当主观与客观一致时，它承认主观的科学性；当主观与客观不一致时，它就认为主观是反科学的。

而量子力学中的不确定论，波函数的迭加、坍缩和纠缠这些现象，经典力学都无法解释，但同时它又无法否认量子力学的正确性，这就使得它对意识无从解释。然而，意识的多样性恰好与量子力学吻合，意识可以在量子力学中找到答案，比如本书最开始举的“一种现象，两种观察”的例子，正好说明了这一点。

许多科学家确认，意识就是一种量子力学现象，就是量子态，因此我们这里讲意识就是讲量子意识。那么，为什么人的意识会与量子力学挂钩呢?

因为人本身就是一大堆粒子组成的，人的大脑是意识的载体，因此大脑中的基本粒子特别是电子承载着海量的量子纠缠态和迭加态，一旦意识发生，相关的纠缠态和迭加态就会坍缩，意识就是从这些电子的纠缠态和波函数迭加的周期性坍塌中产生的。

由于这一假说在解释大脑功能方面占有重要地位，于是对意识的理解与认识就把量子力学的这种解释作为基础。

有的生物科学家认为，人对客观世界的认识是基于人对世界的感知，而人的感知又建立在人的感官器官上。因此，这种感知是不客观的，导致意识也不客观，我们对世界的认识也不客观。可能世界并不是我们现在看到的这个样子，我们看到的世界实际上是我们的主观意识“制造”出来的。

还有科学家认为，梦也是意识。为什么人会做梦呢？梦境中的景象总是似是而非，并不全是“日有所思，夜有所梦”。一些早就已故的亲朋好友，往往又在梦境中相遇，完全没有已经故去的感觉，甚至还有许多从未见过的面孔。这只能说明，意识与肉体并不构成一体，当肉体不在时，意识或者说灵魂会依旧存在于另一个平行的世界中，梦是通往另一平行世界的唯一途径。

还有的科学家认为，经典力学和爱因斯坦的相对论都是建立在物质是第一性的基础上，但事实上我们已经知道的物质只占宇宙中物质的 4% 左右，还有 96% 的物质我们并不清楚。因此，经典力学和爱因斯坦相对论才是不完备的。在 96% 的暗物质和暗能量中，什么都可能发生，什么都可能存在，包括意识究竟是什么。也许宗教中所描述的东西，可能在那里呈现出来。

许多科学家还试图将人的大脑生物结构与量子力学中的量子态结合起来，从态函数的迭加和坍缩以及纠缠来解释人的意识行为。

美籍犹太物理学家戴维·约瑟夫·玻姆教授提出了一个宇宙秩序的理论，他认为我们的宇宙有两个层面（也可以理解为二维），我们所见到的宇宙层面是其中之一，在这个层面中，所有的粒子都处于运动状况，都有确定的位置和动量，具有直到宇宙尽头的“量子势”，当观察仪器与量子势作用时，粒子就会改变位置。而在另一个层面中，有一种隐函数来维持这个秩序。这是一个不可分割的整体和一种隐含的秩序。他以听音乐为例，刚过去的旋律和正在进行的旋律在大脑中同时呈现，刚过去的是对正在进行的旋律的解释，这是转化而不是记忆，这就是意识。这个隐函数既适用于经典力学，也适用于量子力学；既适用于物质，也适用于意识。

然而，不可否认的是，意识作为一种客观存在的事实，已经被纳入自然科学的范畴。作为生物，植物是不是有意识，尚不得而知。但动物是有意识的。例如，我们操起一根棍子做出打狗的样子，狗就夹着尾巴逃跑了，这就是狗有着怕挨打的意识。平常我们称它为“本能”，但“本能”二字岂能一笔带过？凡是生物，包括它的繁衍、生殖、基因、遗传，一切皆与意识有关，或者说，一切皆与量子力学有关。随着基础科学的深入研究，这一命题终将会有一个满意的答复。

量子力学的启示与尴尬

PART4

前面我们对量子力学的基本内容、理论概念、经典实验、特殊表现都有了一个初步的了解和简单的认识。现在回过头来仔细想一想，量子力学与经典力学最大的区别无非就是四点：一是经典力学讲宏观，量子力学讲微观；二是经典力学可直观，量子力学不可直观；三是经典力学可确定，量子力学不可确定；四是经典力学讲定域实在，量子力学讲非定域实在。

我们绝不可小看这四点，正是这四点，使我们的视野拓宽了，使我们不再只凭直观来看待和了解事物的本质，使我们对事物的现象有了多方面的认识和选择，而不只是停留在一个方面或者一种选择上。特别是，量子力学让我们对世界的认识既放开又束缚了，放开是使我们可能不再受光速的约束，束缚是把我们自身纳入一个大系统中，从这种意义上说，我们并不存在“客观”的问题。

就量子力学而言，这四点中最精辟的表现就是量子力学3个最“诡异”的现象：一是薛定谔方程。正是由于微观物质的不可直观性，使它把微观物质在每个时间空间点上可能发生的一切状态迭加在一起“打包”，用一个方程的形式来表现它的存在。这就使我们在理论上有了非常多的选择机会，而不是只有一种。二是量子态的坍缩，就如那只不死不活的薛定谔的猫，一个包含所有选择的量子态，不去观察它时，它保持所有的状态不变。一旦去观察它，它就只剩下一种状态。这可以使你设法去选择一种你所最希望的坍缩，以得到你在无限多选择中最需要的那一种而实现某种状态的迭加。三是量子纠缠现象。两个同一系统的粒子，在没有信息连接和相隔超远的情况下，只要其中一个粒子扰动，另一个量子即刻发生同样但是相反的扰动。这使我们在国防军事上和攸关国家大事的机密通信上走出了一条新路。这些都是量子力学给我们的启示。

正是由于这些启示，使我们的科学技术得到飞速的发展。可以说，现在十年的变化，胜过以往几十年甚至上百年的变化。曾经所谓的“火车”蒸汽机车开了几十年，可是从蒸汽机车到燃油机车到电动机车到高速列车再到悬浮列车，前后才多少年？我们的照明，从蜡烛到煤油灯可以说是几百年。可自从有了电灯，到日光灯到节能灯再到LED灯，前后才多少年？ 20世纪70年代，刚出现电子管电视机，而如今70英寸的超薄高清电视，商场已摆上货架。更不用说卫星上天，深海探底了。当然，这些也不全是量子力学的功劳。但最前沿的科技产品，绝对与量子力学有关。比如量子态的迭加原理，使我们正朝制造出比电子计算机快千倍的量子计算机而努力。正是根据量子纠缠的现象，我们使世界上首颗量子通信卫星上了天。其他的还有诸如激光制造、卫星导航以及许多人工智能产品等。量子力学衍生的量子其他学科，已经深深扎根各行各业，无时无刻不在改变我们的生活。

如今，无人驾驶、无人值守、无人超市、刷脸识别等新科技不仅已经诞生，而且正在常态化。每一位在深圳腾讯大厦上班的腾讯公司员工，由于建立了个人脸部识别档案，他走到电梯边，电梯自动开门。他进了电梯，电梯自动送他到他办公的楼层。他走到办公室门口，门自动打开。他走进办公室，窗帘开了、电脑启动了，一切都是自动的。刷一下脸，可以完成这么多任务，靠的就是各种可能状态的迭加和坍缩。

量子力学正带来一场新的科技革命，它的影响深不可测，超过人类历史的任何时期。我们身在其中，所有人都在享受。

然而，正如历史规律所确定的那样，科技革命必然带来思想认识上的革命。

量子力学引发的科技革命进而带来的思想革命，其广度和深度是人们所未曾预料的，却又是不可避免的。

它已经越界了。一场涉及哲学思想的大讨论正在悄然展开，针对的是人类本身，依据正是量子力学的三大奇象。已经有多个院士级的学者和专家发表了多篇论文和演说，影响甚广。

因为人类也是自然界中的一分子，所以人类必然是由分子、原子、电子、质子、中子、离子等一大堆微观粒子所组成的，这没有人否定。

既然人是由基本粒子所组成的，那么人的这些基本粒子也遵循着量子力学的所有理论、现象和规律，这也没有人否定。

那么，量子力学的这些诡异现象在人的身上是怎么反映的呢？问题恰恰就在这里。量子力学在这里变得尴尬了。

于是有人提出疑问：人的大脑为什么有意识？为什么意识不会“生病”？为什么只要脑部没受损，人病得多么厉害，到死时意识都是清醒的？还有，梦是什么？如何释梦？

我们常说的心灵感应不就是量子纠缠吗？一对双胞胎兄弟姐妹，无论相隔多远，一人有病，另一个就会不舒服，这怎么解释？儿女在外，突然感觉到家中有事，急忙赶回家中，果然父母病了，这又如何解释？

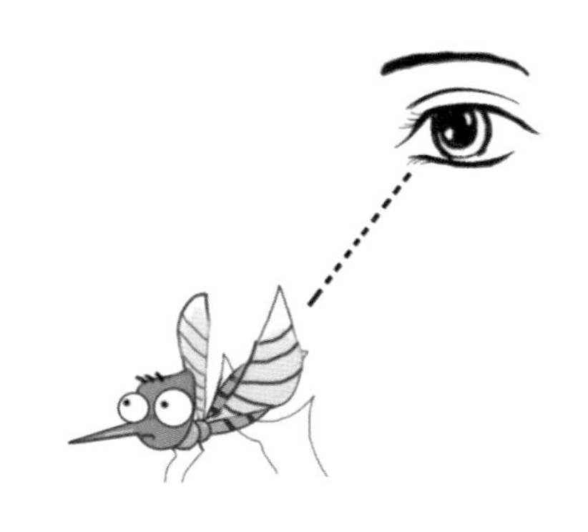

我们眼睛看东西，只要是视觉范围内的东西，在眼中都可以见到，这是光的反射所致。光的传播，就是光量子的传播，这是不是也是所有量子态在眼中的迭加？只要我们关注一件物品，例如关注一个人、关注一只蚊子，或者在电脑上专心写文章，紧盯住它，心中没有其他东西的意念，那眼中视觉范围内的其他东西都不见了，这是不是量子态的迭加与坍缩？符不符合薛定谔方程？符不符合薛定谔的猫的假想？

所有的现象都说明人的意识不是一个可以忽视的东西。迄今为止，没有任何科学的理论可以无可辩驳地说明意识仅仅是一种精神现象而已。所有的自然科学都回避这个问题，从不谈意识。但是不管科技怎么发达，也解释不了为什么一个小得不能再小的精子或卵子可以携带那么多的遗传基因。尽管知道细胞的化学成分有哪些，为什么就是不能生产一个活的细胞呢？世上的这些物种，究竟是怎么来的？

因此有人提出，世界不仅是物质的，世界也有二元性，那就是精神与物质。身体是精神的载体，精神是物质的体现。精神就是灵魂，所以灵魂是存在的。作为载体的物质身体毁灭了，精神灵魂却不会毁灭，它会以另一种形式在空间存在漫游，并作用在另一物质的身体中衍生。

还有一些人认为，正如薛定谔方程所描述的那样，世界是多样性的，并不只是我们所见到的这一种。我们所见到的世界，是因为我们的观察导致了多样化世界状况迭加和坍缩。因此，应该有许多种宇宙平行地存在。

更有甚者，认为世界是意识的产物，没有意识，就没有世界。一个植物人，尽管是活着的，在没有意识的日子里，对他来说，客观世界就不存在。当有人不断地和他说话，慢慢唤醒他的意识时，他有可能又回到“客观”中来，这不正说明世界是意识的产物吗？

其实上面所说的这些议论，并不在于议论的内容本身，而在于这些议论都源于量子力学所谓的诡异现象。而怎样看待这些诡异现象本

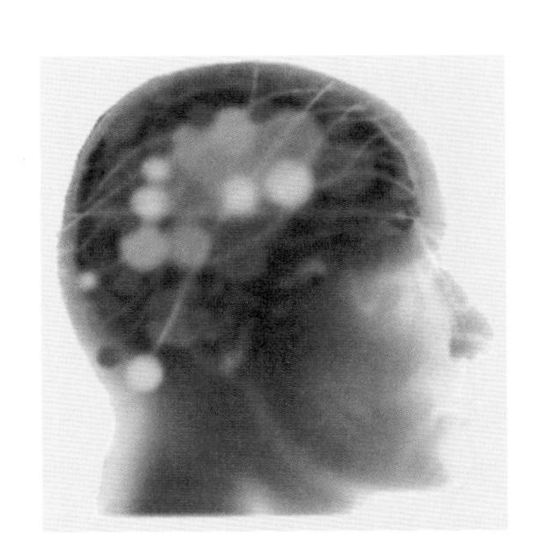

质的争论，从薛定谔方程的提出就开始了。

实际上，爱因斯坦和薛定谔本人对这些现象都有自己的解释。薛定谔认为，像量子纠缠这种现象的发生，只能说明在此之前它们可能就是一个真实意义上的系统，因而彼此留下了印记。爱因斯坦则认为量子力学并非解释微观物质运动规律的最后手段，必然还有一种我们尚未认知的物质在起作用。

如果从另一个角度来看，这些争论最终还是落在了是“定域实在”还是“非定域实在”的界定上。因为运动的速度是否超过光速始终是一个不可触碰的问题，毕竟这是当今自然科学认识论的基础。如果真的发现并证实暗物质、暗能量的存在，并且并不遵循现有的所确定的自然规律，那么一切皆有可能，光速可以超越，所有的奇异现象都可以合情合理地解释，那将是自然科学的一个空前飞跃，我们当然期待这一天的到来！

我国在量子科技领域取得的重大成果

我国成功发射墨子号量子通信卫星
我国在量子计算机研究上取得的新成果

PART5

我国成功发射墨子号量子通信卫星

2016 年 8 月 16 日凌晨 1 时 40 分，我国在酒泉卫星发射中心用长征二号丁运载火箭成功将量子科学实验卫星“墨子号”发射升空，这是我国在空间科学研究领域中迈出的重要一步，也是世界上首次实现人类星地间的量子通信实验。2017 年 4 月 18 日，墨子号通信卫星顺利完成了 4 个月的在轨测试任务，正式交付给用户单位使用。

这次量子通信卫星的发射是多单位、多部门通力合作、一致努力的结果。该项工程的总负责单位是中国科学院国家空间科学中心，科学目标的提出、科学应用系统的研制由中国科学技术大学承担，卫星系统的总研制单位是中国科学院上海微小卫星创新研究院，有效载荷分系统的研制由中国科学院上海技术物理研究所和中国科学技术大学负责，地面支撑系统研制、建设和运行由中国科学院国家空间科学中心牵头，此外还有对地观测与数字地球科学中心等单位参加。

这次由中国科学院国家空间科学中心潘建伟院士率领的团队所实施的项目，是中国科学院空间科学先导专项首批科学实验卫星之一。在未来的两年内，将开展 4 项实验任务，并完成两大科学目标。4 项实验是：①借助这颗卫星的中继平台，进行星地间点对点的高速量子密钥（密钥是一个参数，分对称与非对称两种，总的意思是安全通信密码和解码）分发实验；②进行星地间的双向纠缠分发实验；③进行空间尺度的量子隐形传态实验；④在此基础上进行卫星与地面间的千公里级广域量子密钥多点的网络实验。两大科学目标是：实现空间化量子通信实用化的突破和开展空间尺度量子力学完备性检验的实验研究。到 2017 年 8 月 10 日，全球首颗量子科学实验卫星“墨子号”已经圆满完成了三大科学实验任务：量子纠缠分发、量子密钥分发、量子隐形传态。

此次卫星发射前，已建有 4 个量子通信地面站，它们是河北兴隆、新疆乌鲁木齐、青海德令哈、云南丽江地面站，还有一个位于西藏阿里的量子隐形传输态实验站，此外与奥地利科学院和维也纳大学的科学家合作，建有维也纳和格拉茨的两个地面站。如果实验效果达到所预期的目标，今后将再逐步发射十几颗量子通信卫星，以期在 2030 年左右，组建成全球化的量子安全完整保密通信互联网，形成完整的量子通信产业链，为关系到国家主权信息安全、军民融合和经济建设发展的目标服务。

量子通信卫星之所以取名为“墨子号”，是为了纪念我国战国时期的伟大历史人物墨子。墨子是位农民出身的哲学家，在先秦时期创立了以几何学、物理学、光学为突出成就的一整套科学理论，他最早提出了光的小孔成像和光的直线传播，奠定了光通信和量子通信的基础。

量子安全保密通信是几十年来各国都很注重的科学研究项目，其理论依据就是量子力学中的量子纠缠现象。它使科学家们想象到如果把这种现象应用到通信领域，就可以不再担忧外来的监听、窃取或干扰，从而实现完全绝对的安全通信。

为此，国外科学家已经进行了多年的研究，并已取得了许多突破性的进展。1992 年，潘建伟刚从中国科学技术大学获得硕士学位后便来到奥地利维也纳大学，并在导师塞林格的指导下攻读博士学位。当时塞林格已是世界知名的研究量子通信方面的科学家。1997 年至 1998 年，潘建伟作为学生参加了塞林格教授首次成功实现的量子态隐形传送以及纠缠态交换。2001 年潘建伟回国后，他与导师之间还始终保持着密切的联系。

2004 年，国外的隐形传输通过光纤通道实现了 600 米的距离，但仅过了 4 年，2008 年，潘建伟团队与清华大学合作，在北京八达岭与河北怀来之间实现了 16 公里的量子态隐形传输，相当于世界纪录的 27 倍。这标志着我国的量子隐形传输通信技术走在了世界的前列。到 2012 年，潘建伟团队在青海湖实现了 97 公里自由空间的量子态隐形传输。

2015 年，潘建伟团队首次实现单光子多自由度的量子隐形传态，

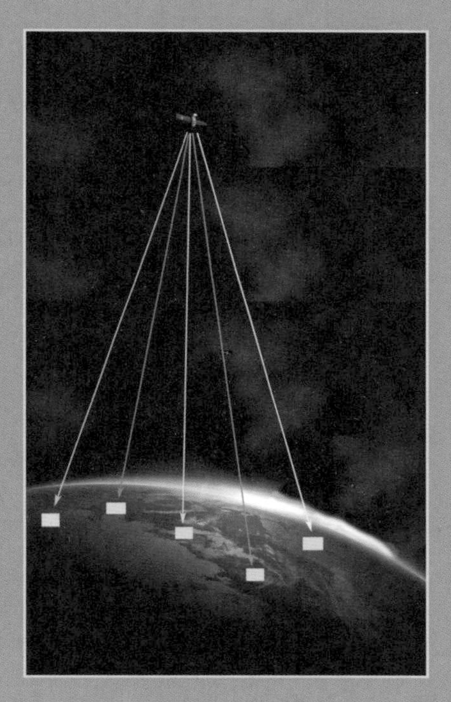

量子通信卫星工作示意图

墨子号量子通信卫星完成了三大任务：一是完成了星地间一对一的密钥分发；二是完成了星地间一对一大尺度非定域的量子纠缠；三是实现了星地间的远距离隐形量子态传输。以上实验均为单光量子实验。

2018 年 1 月，中国通过卫星与相距 7600 公里的奥地利进行了量子保密通信，不但实现了密钥分发、数据传输，还实现了视频通信，具备了真正意义上的量子保密通信能力。

也就是说，传输了一个单光子的多个信息。这是一项极其复杂艰巨的技术。一束光一秒钟内传输的光子达亿位数，要在其中选择一个光子是何等的艰难，但中国做到了。

此后，在高精度跟瞄、星地偏振态保持与基矢校正、星载量子纠缠源等一系列关键技术上，中国一直遥遥领先世界其他国家。

在这个前提下，2011 年，我国量子通信卫星正式立项，中国科学院正式启动了全球首颗“量子科学实验卫星”的研制工作，首席科学家定为中国科学院院士潘建伟。这意味着中国有可能领先欧美在世界上最先实现覆盖全球的量子通信传输的网络化。

2016 年 8 月，全球首颗量子通信卫星——墨子号量子通信卫星终于发射成功。卫星在离地 500 公里的低轨道运行，并在夜间进行通信实验。卫星重 640 千克，装有一个激光器发射光子，有一台量子纠缠源，使发射的光子处于成对状态。此外，还有一台发射机，一是把光量子发射到地面进行星地量子纠缠，二是一对一将密钥分发到每个工作站以实现密钥通信。

卫星在 2017 年 4 月交付使用后，2018 年 1 月，卫星在相距 7600 公里的中国和奥地利之间首次实现了洲际量子密钥分发、加密数据传输和视频通信，标志着“墨子号”已完全具备实现洲际量子保密通信的能力。

我们相信，随着 2 号、3 号直至十几颗墨子号通信卫星的升空，到 2030 年左右，中国率先建成全球化的广域量子保密通信网络的这一天必定会到来。

我国在量子计算机研究上取得的新成果

我们现在已经生活在一个信息化、网络化、智能化的新时代。全世界几十亿人口、众多的部门和机构、各种领域都在使用快速传输的信息流和网络。而能够形成这种快速传输服务的设备来自高速运转的电子计算机。但遗憾的是，这种电子计算机的运算能力已经达到了极限的边缘，随着人类各种需要的迅速增加，必须提供具备更加便捷快速运算能力的设备——量子计算机。一台性能好的量子计算机，不但安全性能极高，而且运算速度惊人。中国科学院白春礼院士举了一个例子：使用亿亿次的“天河二号”超级计算机求解一个亿亿亿变量的方程组，所需时间为 100 年。而使用一台万亿次（注意，仅为万亿次）的量子计算机求解同一个方程组，仅需 0.01 秒。

量子计算机是依据量子力学规律进行高速数学和逻辑运算，实现大数据存储和处理量子信息的计算设备。过去的传统计算机因数据量大又要求速度快在运算中使芯片过度发热，消耗的能量很大，因此一直在寻找一种运算可逆，且既不影响效率又低能耗的办法。经典计算机虽然也可以找到解决这些问题的办法，但相对于量子力学的迭加和坍缩特性，量子计算机更符合要求。

在量子通信和量子计算这一全新领域，目前走在世界最前列的只有美国和中国。美国依靠它多年的技术积累造就了 IBM、谷歌、英特尔等一批科技巨头，近几年，它们依靠雄厚的技术储备和经验，加快了对量子计算机的研发进度。例如 IBM、谷歌和英特尔等公司竞相宣告实现了高量子比特数的量子计算机的研发成果。我国在材料和技术方面与美国还存在一定的差距。

量子计算机有通用和模拟两种。通用量子计算机直接使用量子态的迭加和坍缩以建立量子系统，运用量子语言进行量子操控和计算，这些是美国的做法。而模拟量子计算机是在原有经典计算机的基础上使用量子语言来进行模拟操控技术，我国目前走的是这条道路，以实现“弯道超车”。因为模拟量子计算机不需要依赖复杂的量子纠错就可直接构建量子物理系统，而且只要这个系统达到一定的要求，就可以直接用于量子探索和量子计算，其效率远超传统电子计算机。国外尽管号称实现了几十甚至更多的量子比特数，但是由于很难实现全过程互连和较高的精度且难以纠错，所以通用量子计算依然难以实现。

量子计算机的原理是利用量子逻辑来进行通用计算，量子计算机用来储存资料的对象是量子位元。研制量子计算机的方案和途径有许多种，但最终目的是提高量子逻辑计算的能力及速度以及扩大量子位元的储存空间。而要实现这两点，不仅要实现尽量多的光量子纠缠，还要有足够大的量子计算处理芯片。

在激光技术尤其是在多光子纠缠领域，我国始终走在世界前列。经过多年的努力，我国研发团队自发研究采用的点单光子源技术，是目前国际上综合性能最好的技术。2017 年 5 月 3 日，我国宣布实现了世界上第一台量子计算机的原型机——光量子计算机，这是由我国中国科学技术大学、中国科学院—阿里巴巴量子核算实验室、浙江大学、中国科学院物理所等联合研制的。正是运用这种技术，通过电控可编程的光量子线路，构建了针对多光子的“玻色取样”任务。在全球首次实现了 10 个超导量子比特的高精度操纵及运用，比人类制造的首台电子管和晶体管计算机能力高出数十倍乃至数百倍，比人类 1946 年制造的首台正式电子计算机、电子数字积分通用计算机的能力也高出十倍以上。即便是世界最快的“银河”二号电子计算机需要上百年才能计算出来的数字，量子计算机只需要 0.01 秒就可以计算出来。此外，这台计算机具有高级的防御技术，其技术难以解密。另据媒体报道，美国微软公司于 2018 年 4 月初宣布在量子计算方面也获得了重大突破。研究人员观察到了被称为“天使粒子”的马约拉纳费米子存在的相当有力的证据，电子在导线中分裂成半体，从而使微软的拓扑量子计算机又前进了一大步。

在实现全球第一台光量子计算机原型机的基础上，我国实现更高层次的量子计算机研制的步伐没有止步。目前已经实现了 18 比特的多量子纠缠，并且利用通过“飞秒激光直写”技术制备出节点数达 49 × 49 的光量子计算芯片，这是目前世界上最大的量子计算机芯片。同时，在超导量子计算方向发布了 11 比特的云接入超导量子服务系统。该系统可供用户演示量子线路和算法，用户可以通过云平台，在云端的超导量子处理器上运行自定义的各种量子线路，在半导体量子计算方向上实现多量子比特逻辑门。

关于量子力学引起的争论

爱因斯坦与以玻尔为代表的哥本哈根学派关于量子力学完备性的争论

量子力学与因果关系之间的矛盾

是意识产生客观世界吗

PART6

爱因斯坦与以玻尔为代表的哥本哈根学派关于量子力学完备性的争论

爱因斯坦虽然在建立量子力学理论的过程中起了非常重要的作用，但他对于量子力学的一些现象，特别是量子纠缠现象十分反感，爱因斯坦并不否认量子力学的正确性，但他从量子纠缠现象中认为量子力学是不完备的。他认为这个现象之所以会发生，是因为事先就有一种我们还不知道的隐蔽的东西在它们之间起到了关联作用，从而使量子纠缠现象符合情理。

爱因斯坦认为，凡是实验的现象即是物理本身的现象，不会因为观察而受到影响和改变，所以实验是客观实在的。同时，物体之间的作用传递不可能超过光速，只能在小于光速的区域内进行。因此其区域也是一定的，爱因斯坦把这称为“定域实在论”。

按照“定域实在论”，定域不容许有超距现象。物体对物体的作用，只能在相邻的区域内进行。如果相距遥远，而作用像量子纠缠那样即刻发生，那就是传递信息的速度超过了光速。超过光速就违背了相对论，违背了因果关系，就会先有结果，后有原因。为此，他还假设了一个实验以检验两个粒子的量子纠缠所表现出来的关联性物理行为，说明量子力学与定域实在论在完备性之间存在的矛盾，按英文字母的含义，这个论述被称为“EPR 佯谬”。

但是，以玻尔为代表的哥本哈根学派当时在量子力学理论中已经占有了主导地位。他们始终坚持认为量子纠缠现象是真实存在的。他们认为在量子力学中，两个粒子之间的纠缠行为不遵循“定域实在论”，纠缠行为即刻发生，没有光速的限制。

为此，爱因斯坦和鲍里斯·波多尔斯基、纳森·罗森于 1935 年专门发表了一篇名为《能认为量子力学对物理实在的描述是完全的吗？》的论文。在论文中，他们以佯谬的形式针对量子力学的哥本哈根诠释提出了重要批评，对量子力学的完备性提出了质疑。

这是一场非常严肃的争论，实质上是爱因斯坦相对论与量子力学之间的矛盾。如果事实证明量子纠缠现象是不完备的，那么由此可以引申量子力学的其他看起来不合常理的现象也是不完备的，量子力学本身也就是不完备的。

两派的争论长久而又激烈。许多科学家支持爱因斯坦的观点。他们认为不但量子纠缠现象违背了“定域实在论”，而且包括量子态的迭加和坍缩也违背了“定域实在论”。因为量子力学关于观察使迭加态坍缩的理论使人认为只有观察到了的才是实在的，没有观察到的东西都不是实在的。也就是说，我们见到月亮时，月亮是实在的，而我们没有见到月亮时，月亮就不实在了。

薛定谔的猫就是在这种情形下由薛定谔假想出来的实验。他原本想证明，猫和瓶子、毒气同时在一个箱子的“定域”里，那么释放了毒气，猫就必然死，没有释放毒气，猫必然还活着，这是一个实验的“实在”，且不以观察为转移。而结果结论恰好相反，在不观察的情况下，猫存在着“活”和“死”两种可能，每种的概率都是 50%。结果并不“实在”，反而进一步证明了量子力学的不确定性原理。

这个争论僵持了十年。1964 年，物理学家约翰 · 贝尔提出了著名的贝尔不等式。贝尔其实也不相信量子力学，他更倾向于支持爱因斯坦。他为了证明爱因斯坦所说的存在一个隐蔽的物理量而使量子纠缠现象变得合理，提出了贝尔不等式，其意思是指在“定域”和“实在”两个假设下，有可能存在一个完备的局域隐变量，促使两个分隔的粒子在被同时测量时有其关联。

贝尔不等式被科学界所接受，认为可以分辨量子力学的纠缠现象是否符合定域实在论。

结果经过无数次测量，发现在经典力学中，这个贝尔不等式是成立的，也就是其结果是确定的，两个粒子之间存在着关联，且信息传递不超过光速。而在量子力学中，这个不等式不成立，结果并不确定。两个粒子间不存在信息关联，且纠缠态即刻发生。这就说明爱因斯坦的定域实在论适合经典力学而不适合量子力学。

由于几乎所有的实验都证明贝尔不等式不适用于量子力学，这就使得物理学家们不得不接受量子纠缠这样一个超距的“鬼魅”现象的现实，尽管至今都还没有解释这种现象的科学原理。

既然量子纠缠现象是实在的，科学家们于是就想到了可以利用这种现象为人类服务。这样，原来一心想用实验来证明量子纠缠现象是错误的科学家们，后来却一心要用实验来证明量子纠缠现象是成立的，是可以用来为人类服务的。

科学家们试图人为地制造在远距离内的量子纠缠态，他们从制备一个光量子通过光纤来进行实验做起，从实验室内走出到实验室外，从数米的距离逐渐到数公里、数十公里、数百公里甚至数千公里，光量子的数目也越来越多。值得一提的是，中国在这方面后来居上，无论在远距离传输还是在光量子数目上都远远超过了其他国家。中国在实现了跨洲的千公里级量子纠缠态后，于 2016 年 11 月 6 日成功地把墨子号量子通信卫星送上了天，克服了大气对信息传输的阻碍，实现了星地之间的点对点完整、安全的信息传输和多点间的网络传输，并计划于 2030 年实现全球的量子保密通信网络的全覆盖，使量子纠缠这一曾被爱因斯坦喻为“鬼魅现象”的量子力学现象，最终真正做到为人类服务。

量子力学与因果关系之间的矛盾

在日常生活中，我们对因果关系再熟悉不过了，感觉做每一件事，都必定有一个结果。哪怕我们的语言都是这样：有“因为”，才有“所以”。我们买了菜，是因为我们想到要去买菜，所以就买菜了。因为我们要去一个该去的地方办事，所以才来到这个地方把事情办好。“善有善报，恶有恶报，不是不报，时候未到！”今天是过去的结果，也是未来的原因，同一个事情总是连续的。这些都是因果关系，讲的都是日常的事。

在经典物理学中也是如此。因果关系是经典物理学的一条基本规则，经典力学的理论就是以时间、空间为基础的决定论。因此，讲究任何物理现象都有因果关系。之所以车子能前进，是因为发动机产生的动力克服了地面的摩擦阻力；之所以车子能随心所欲地时快时慢，也是因为用脚踩刹车片来控制前进动力的大小。这一切顺理成章，没有疑义。用理论化的语言表示就是，如果事件是连续的和不可逆的，那么结果便是确定的。

但量子力学是非决定论，在量子力学中，因为存在着结果的不确定性，所以使传统的因果关系受到了挑战。有原因的存在，并不意味着有确定的结果。本来是“因为”“所以”，现在中间夹了一个“但是”，变成了“不一定”。就像薛定谔的猫，经典力学认为，放了毒气，猫就是死的；没放毒气，猫就是活的。这是铁定的规律。但在箱子没有打开之前，这只能讲是两种一定的结果，或者说是两种平行的结果。对经典力学而言，这一点都没错。但是对量子力学而言，那就不一定。猫可能是死，又可能是活，是死是活不一定，不能马上做出结论。猫是死是活取决于释放毒气的概率，即由系统的波函数决定。最后的结果也只有打开箱子那一瞬间才知道。

由此可见，量子力学与经典力学在因果关系上存在完全不同的看法，于是引起了争论。

有人认为，箱子里面的猫，是死还是活，早就已经在箱子中决定了，打开箱子后看到的只是早已存在的结果。如果是死，那是因为释放了毒气；如果没死，那是因为没有释放毒气。

这种观点马上有人反驳，因为这样看来，我们是先有结果，后有原因。这样岂不是把因果关系给颠倒了？

前者又说，只要我们反过来，把结果看成原因，把原因看成结果，那就是正确的。反驳者说，你把先决条件给颠倒了，把已决定的事物再回头来看原因，已经失去了两者之间的可比性。

于是又有人认为，猫在箱子中，又是死又是活，只要不观察，这个状态就不会变。但如果一观察，猫是死是活就定了。因此，是观察决定了猫的死活，与毒气是否释放没有关系。这与原来所需要了解的因与果也没有关系。

有哲学家认为，量子力学的因果关系实际是概率因果论，其结果是由概率决定的。但又有人反驳了这种说法，认为这并没解释量子力学因果关系的真正原因。因为概率因果论与统计学是一致的。统计学本身就是从概率的统计中找规律。比如骰子有 6 个面，每面有个不同点，从 1~6 有 6 个点，扔一次，你决定不了是哪个点，因为每个点的概率都是一样的。从这一方面看，似乎与量子力学现象相似。但是，在概率因果论中，如果扔 6 亿次，你可以非常肯定地决定每个点都在 1 亿次左右，每个点出现的结果不会相差太大。但在薛定谔猫的现象中，只要没打开箱盖直接观察，无穷次猜想都无法得出只有一种结果。

因为在量子态的波函数迭加中，系统的波函数都是前面多个波函数的迭加，又因为我们没有直接观察系统的实时状态，没有对系统造成干涉，所以并不知道系统以前的状态。但是我们可以通过薛定谔方程来计算出系统的即时状态，同时又可以通过系统的坍缩可逆知道系统以前的状态情形。这就是既可以现在决定未来，也可以现在决定过去，或者说未来决定过去。这在因果关系中是不可理喻的。

另外，在量子的纠缠态中，互不关联的两个粒子，一个改变状态，另一个也马上同样地改变状态，相互之间没有时间差，没有连续过程，没有传导媒介，没有谁先谁后。那么，现象是如何产生的？因果关系又体现在哪里?

由此可见，量子力学因为建立在不确定的原理基础上，所以因果关系不是量子力学的原理和假设。而经典力学和相对论都是建立在决定论的基础上，因此严格地遵守着因果关系。

有人说量子力学否定了因果关系。甚至爱因斯坦本人一辈子都认为量子力学违背了因果论而不承认薛定谔波函数。但以玻尔、泡利等为首的哥本哈根学派始终坚持了量子力学的这一特性，使量子力学的理论得以完善，并且使人们在认识论和方法论上前进了一大步。

对于究竟量子力学的因果关系是什么，目前仍然没有定论。

是意识产生客观世界吗

毫无疑问，量子力学是 20 世纪科学的最高成就，也是当今自然科学中最精确的一门理论。以量子理论为基础的科技革命给人类带来了巨大的实惠，但是量子力学所表现的一些奇怪现象却给人们的主观认识带来了极大的冲击。

自然科学和社会科学从来就是人类认识和改造客观世界不可分割、相互关联的两个部分。一个是客观，一个是主观。客观是存在，主观是意识。以往我们的认知是，存在决定意识，意识反映存在。因此，世界是由物质组成的，不以人们的主观意志为转移。也就是说，世界是一元的，这就是唯物论。因此，在自然科学中，从来不讲意识是什么。

但是，自从有了量子力学，特别是存在因为观察而造成函数波迭加态的坍缩，从而改变了系统原来的状态后，人们从它的理论和现象进行推演，越来越感觉到了人类对自身和客观世界之间的关系的认识存在着巨大缺陷。人们不禁要问，如果说世界只是物质组成的，那么人的意识究竟是什么呢？难道真的是存在决定意识吗？

围绕这个问题，科学家们展开了热烈的讨论。中国科学技术大学前校长、中国科学院院士朱清时 2015 年在一次演讲中明确表示，人的意识不但和客观世界不能分开，反而可能是自然科学理论中最为基础的部分。客观物质世界正是意识产生的结果，请注意这句话的分量，是意识产生了客观物质世界，没有意识，客观物质世界就不存在。

朱院士说，量子力学最不好懂的东西最后恰好是证明了意识不能被排除在客观世界之外，只有把意识加进去，你才能够认识搞懂什么是量子力学。

他从量子力学的三个诡异现象来证明他的观点。

一是量子力学的迭加与坍缩。量子力学的基本原理就是微观粒子可能处在迭加态，这种状态是不确定的。他举了多个例子说明，微观粒子不去观察它，它就处于迭加态；人为地有意识地观察它，它就坍缩了。这说明量子力学离不开意识，意识是量子力学的基础。

二是薛定谔的猫。他说，这个猫是死了还是活着？既死又活是同时存在的，量子力学就认为两者同时存在。那么怎么可能既死又活同时存在呢？人不能想象这种状态。1963 年，获得诺贝尔物理学奖的维格纳想了一个新的办法，他说：我让个朋友戴着防毒面具也和猫一起待在那个盒子里面去，我躲在门外，对我来说，这猫是死是活我不知道，猫是既死又活。我问在毒气室里戴防毒面具的朋友，猫是死是活？朋友肯定会回答，猫要么是死，要么是活，不会说是半死不活的。

这说明，一个人和猫一起待在盒子里，人有意识，意识一旦包含到量子力学的系统中去，它的波函数就坍缩了，猫就变成要么是死，要么是活了。也就是说，对于猫是死是活，只要一有人的意识参与，就变成要么是死，要么是活，就不再是模糊状态。

因此对于波函数，也就是量子力学的状态，从不确定到确定必须要有意识地参与，这就是争论到最后大家的结论。

朱院士说，量子力学的基础是：只有意识的参与，状态才能从不确定变成确定。自然科学总是自诩为最客观、最不能容忍主观意识。现在量子力学发展到这个地步，居然发现人类的主观意识是客观物质世界的基础了。这是物理学的一个重大成就。

量子力学存在着诡异现象，诡异的基础实际上是：意识和物质世界不可分割，意识促成了物质世界从不确定到确定的转移。

三是多体的迭加态——量子纠缠。量子纠缠与“薛定谔的猫”是类似的，只不过“薛定谔的猫”讲的是同一个东西处于不同的状态的迭加，量子纠缠讲的是如果有两个以上的东西都处于不同的状态的迭加，那么它们彼此之间有未知的关联。

量子力学的大量实验证明，如果把同一个量子体系分开成几个部分，在未检测之前，你永远不知道这些部分的准确状态；如果你检测出其中一个状态，在这一瞬间，其他部分立即调整自己的状态与之相适应。这样的量子体系的状态称为“纠缠态”。量子纠缠就是对于多个微观物体，在被观察之后，它们的状态会从不确定到确定，做一个有关联的突变。也就是说，如果两个地方的物质处于纠缠态，从纠缠的一方的所有信息可以瞬间传递到纠缠的另一方去，这种传输没有时间、空间的限制，它是瞬间传播的。也就是说，观察是意识的决定，意识同样决定纠缠态的信息传递。

2016 年 1 月 17 日，清华大学副校长、生命科学学院院长、中国科学院院士施一公教授在“未来论坛”年会上发表题为《生命科学认知的极限》的演讲。他提到，人对生命认知的极限问题将他的科学思索由生物医学带向量子力学。

施院士认为，我们人对生命的认知是有极限的。因为我们在用五官，也就是视觉、嗅觉、听觉、味觉、触觉理解这个世界。这个过程是不是客观的呢？肯定不是客观的。当我们的五官感受世界以后，把信息全部集中到大脑，但是我们不知道大脑是如何工作的，所以在这方面也不能叫客观。

客观物质世界有三个层面：宏观、微观、超微观。超微观决定微观，微观决定宏观。我们人是什么？人就是宏观世界里的一个个体，所以我们的本质一定是由微观世界决定，再由超微观世界决定。我们每个人不仅是一堆原子，而且是一堆粒子构成的。

我们有多少原子？大约有 6×10^{27} 个原子，形成大约 60 种不同的元素，但真正的比较多的元素，不过区区 11 种。原子通过共价键形成分子，分子聚在一起形成分子聚集体，然后形成小的细胞器、细胞、组织、器官，最后形成一个整体。

但是你会觉得，不管你怎么做研究，都无法解释人的意识，这超越了我们能说出和能感知的层面。笔者认为，要解释意识，一定得超出前两个层次，到量子力学层面去考察。

量子纠缠怎么影响我们的生命，其实我们不知道，为什么？因为这不是我们可以用直觉去感受的。

施院士通过加州大学圣塔芭芭拉分校（UCSB）著名的理论和实验物理学家 Matthew Fisher 的实验，坚信人的意识、记忆和思维是量子纠缠的。他说量子纠缠在远古的时候就存在了，在进化过程中被保存了下来。量子纠缠在人体中的现象是第六感官，它是存在的，但我们感觉不到。因此，我们人只不过是由一个细胞走过来的，就是受精卵，所有受精卵在 35 亿年以前，都来自同一个细胞，同一团物质，一个处于复杂的量子纠缠的体系，就这么简单。

科学发展到今天，我们看世界完全像盲人摸象一样，我们看到的世界是有形的，我们自己认为它是客观的世界。其实我们已知的物质的质量在宇宙中只占 4%，其余 96% 的物质的存在形式是我们根本不知道的，我们称它们为暗物质和暗能量。

既然宇宙中还有 96% 的我们不知道的物质，那么灵魂、鬼都可能存在。既然量子能纠缠，那么第六感、特异功能也可以存在。同时，谁能保证在这些未知的物质中，有一些物质或生灵，它能通过量子纠缠，完全彻底地影响我们的各个状态呢？于是，“神”也可以存在。

我们看到的世界，仅仅是整个世界的 5%。这和 1000 年前人类不知道有空气，不知道有电场、磁场，不认识元素，以为天圆地方一样。我们的未知世界还有很多，多到难以想象。

另外，新浪科技 2017 年 3 月 3 日也发表了一篇题为《人类思维与量子力学间的奇妙联系：意识到底来自哪里？》的文章。文章写道，长期以来，意识之谜一直困扰着科学家，一些研究者甚至尝试用量子力学来对其进行解释。意料之中的是，这一主张总是受到外界的质疑：用一个未解之谜来解释另一个未解之谜听起来很不可取。不过，这样的想法并非看上去那么荒谬，而且也不是研究者的一时兴起。

量子力学是目前用来描述原子和亚原子世界的最佳理论，也被认为是现代物理学的支柱之一。量子力学中最广为人知的谜题或许是这样一种现象：量子实验的测量结果会因为我们选择哪种粒子的性质而发生改变。

这意思就是，当我们测量粒子的状态时，粒子原来的状态性质就发生了改变。我们观测到的并不是粒子原有的真实面貌。

文章写道，物理学家帕斯库尔·约当（Pascual Jordan）曾经这样描述："观察不仅会干扰需要被测量的东西，而且会创造它……我们迫使（一个量子粒子）接受了一个确定的位置。"也就是说，"我们自己制造了测量结果"。

因此，我们所测量到的，正是我们自己创造的一种测量结果。那么，我们现在所观测到的客观世界是不是我们现在的观察而创造的结果呢？原来真实的客观世界究竟是什么呢？

当这种"观察者效应"首次被量子物理学的先驱注意到时，他们感到非常困惑。这似乎推翻了所有科学背后的基础假设：存在一个与我们完全无关的客观世界。如果世界是根据我们是否观察以及如何观察而运作的，那么"现实"的真正含义又是什么？

如果确实如此，"客观真实"似乎就不再存在了，但情况其实更加诡异，即无论对粒子状态的观察是直接的还是没有干预的、纯粹的，只要粒子状态进入了我们的意识，那么它的状态就已经改变了。这是否意味着真正的坍缩只会发生在测量结果映入我们意识之中的时候？

20世纪30年代，匈牙利物理学家尤金·维格纳（Eugene Wigner）接受了这种可能性。“顺理成章地，对物体的量子描述受进入我们意识中的意念所影响”。

惠勒称，从这个角度而言，我们从宇宙一开始就成为参与者。用他的话说，我们生活在一个“参与性的宇宙”中。

到了今天，物理学家在如何最好地解释这些量子实验的问题上并没有达成一致，在某种程度上，怎么解释还要取决于你自己。但无论如何，我们都很难忽视这样的暗示：意识和量子力学之间存在着某种联系。

从20世纪80年代开始，英国物理学家罗杰·彭罗斯（Roger Penrose）就提出，无论意识能否影响量子力学，或许量子力学本身就包括在意识之内。

彭罗斯曾问道：“假设我们的大脑中存在能对单个量子事件做出反应并改变状态的分子结构，那这些结构能否转变为迭加态呢？”

彭罗斯提出，在量子认知中涉及的结构可能就是被称为“微管”的蛋白质聚合物。微管存在于人体大部分细胞中，包括大脑中的神经元。彭罗斯和哈默洛夫认为，微管的振动可以吸收量子迭加态。

此外，“科学秘闻搜罗”2018年5月15日也刊登了一篇《科学家量子理论证明意识在人死亡后会转移到另一个宇宙》的文章。文章引用了美国科学家罗伯特·兰扎的话语。他认为，意识的死亡根本不存在。但是因为人们认为我们通过身体意识来识别自己，由于我们相信这个身体最终将会“灭亡”，而我们的意识也可能消失，如果我们的身体“包裹”意识，那么意识将与身体一起消失。然而，如果我们的身体正在接收意识，如同卫星接收信号一样，那么“意识”不会随着死亡而消失。这表明，意识存在于时间和空间的约束之外，并且能够在人体内部和外部传播：它不是本地化的东西，就像量子一样。他甚至认为，多元宇宙可以同时存在：在这个宇宙中，身体死亡，而在另一个宇宙中，身体能够继续存在，吸收迁移到这个宇宙的意识。因此，死亡只是错觉！意识永存于平行宇宙。

对于以上观点，有人提出了反驳。

复旦大学物理学系教授施郁 2013 年 6 月 13 日发表了一篇《朱清时为啥错：现代物理与量子力学并没否定客观世界》的文章。

施教授讲述了 4 个理由：①作为振动模式的基本粒子是客观实在。事实上，自然界存在很多层展现象，涌现出的规律不能简单地归结于组分的基本规律，而是展现出新的层次。弦也好（如果将来被实验证实），量子场也好，作为它们振动模式的基本粒子也好，物质在各个层次上都是客观的。这就好比生物体由细胞构成，细胞由原子构成，难道细胞和生物体就不是客观实在吗？②朱文（朱清时院士的文章）关于量子纠缠的讨论是严重错误的。量子纠缠是指两个粒子之间的量子态不互相独立，而量子态是微观粒子的一个概率特性，物理量不是事先给定的。尽管如此，如果纠缠一方不将得到的信息传给另一方，后者是不会有任何察觉的。量子纠缠并不会导致信号的瞬时传播。③不能从量子态坍缩问题得到“客观世界是一系列复杂念头造成的”。量子态只是观测者关于量子系统的知识或者信息，而并不是客观的量子系统本身，所以意识改变的只是关于客观世界的知识或者信息，而不是客观世界本身。朱文的结论错误之处就在于将关于世界的知识与客观世界本身相混淆。④将物理学内容等同于哲学论断是牵强附会。科学通过实验和逻辑探索未知，既大胆假设，更小心求证，从而不断进步。

综合其他不同的看法，笔者大致归纳如下：

第一，人类往往习惯于用陈旧的眼光去观察新生的事物。量子力学是一门完全独立于经典力学的新的物理学科，对于违反经典力学常规的现象而不能用经典力学的观点解释时，更不能武断地用主观意识进行脱离客观现实的猜测。

第二，迭加的波函数一旦被“观察”就会坍缩，并不是人的意识所为。只要有外部的能量介入系统中，坍缩的情况就会发生，这是客观存在的现实，而不是意识改变了客观。我们所见到的现象恰恰是客观存在决定意识的反映。

第三，同样的是，在薛定谔的猫的理想实验中，首先是客观现实的存在，即是死是活本身就是客观存在决定的意识。因为我们首先想到的是，猫是死还是活？为什么不会想到其他的方面？就是因为“猫遇到毒气会死，没有遇到毒气会活”这样一个活生生的客观存在的现实，已经决定了我们的意识，所以我们不会去想别的，想到的就是猫是死还是活。其次，猫是死还是活是一个在箱子中已经存在的客观现实，并不以我们是否见到的主观意识为转移，不能认为有戴了防毒面具的人待在箱子中就意味着意识进入了系统而改变了系统的状态。

有没有人一同待在箱子中，是死是活同样发生。设想，如果我们不是有戴着防毒面具的人一同待在箱子内，而是在箱子中放置一个录像设备，那么录像设备并不具有主观意识，按照院士的逻辑，就应该没有意识改变系统的原有状态。那么，事后把录像设备取出，录像设备已经离开了放有猫的系统，已经与系统没有关联。只要我们不去看录像，仍然不知道猫是死还是活。但是一旦我们看了录像，是死是活立刻知道了。难道是我们的意识改变了录像吗？

如果说是我们的意识改变了录像，那就是说，量子态是可以复制、可以克隆的！录像和箱子具有一模一样的系统。显然这不合常理。如果量子态可以克隆，那通过录像就可以克隆一个人了！因此，并不是意识决定了猫的死活或者说意识决定了客观，而仍然是客观决定了意识。

第四，同样的道理，不能把量子纠缠看成是一个量子对另一个量子的意识反应。量子纠缠客观上反映了信息的传输，只是其中隐态传输的媒介是什么我们并不清楚。在客观现实中，我们不知道、不清楚的事情多了，不能因为不清楚就认为一定是意识的力量。现在我们已经知道，宇宙中还存在着大量的暗物质、暗能量，那纠缠态是不是暗物质的引力所致？并不是没有这种可能。

第五，认为意识是客观现实的最本质基础，客观现实依意识而存在本身就是先入为主的方法论的反映，是唯心论的本质观点。用唯心论的方法去解释客观现实而得出唯心论的结论一点也不奇怪。马克思主义的唯物论早就指出了客观现实不以人们的主观意识为转移是一条颠扑不破的真理，已经经过了时间和无数事实的检验。在对待量子力学现象的问题上也是如此。正是因为客观现实不以人们的主观意识为转移，才促使我们一如既往地不懈寻求那些还不为人知的客观实在。也只有这样，我们才能不断地认知和了解客观现实，而不是像鸵鸟一样把自己的头埋在沙子内或像青蛙一样地坐井观天了。

量子力学领域做出突出贡献的科学家简介

克里斯蒂安·惠更斯
马克斯·普朗克
阿尔伯特·爱因斯坦
尼尔斯·亨利克·戴维·玻尔
路易·维克多·德布罗意
沃纳·卡尔·海森堡
马克斯·玻恩
沃尔夫冈·泡利
恩里科·费米
保罗·狄拉克
埃尔温·薛定谔
杨振宁
潘建伟

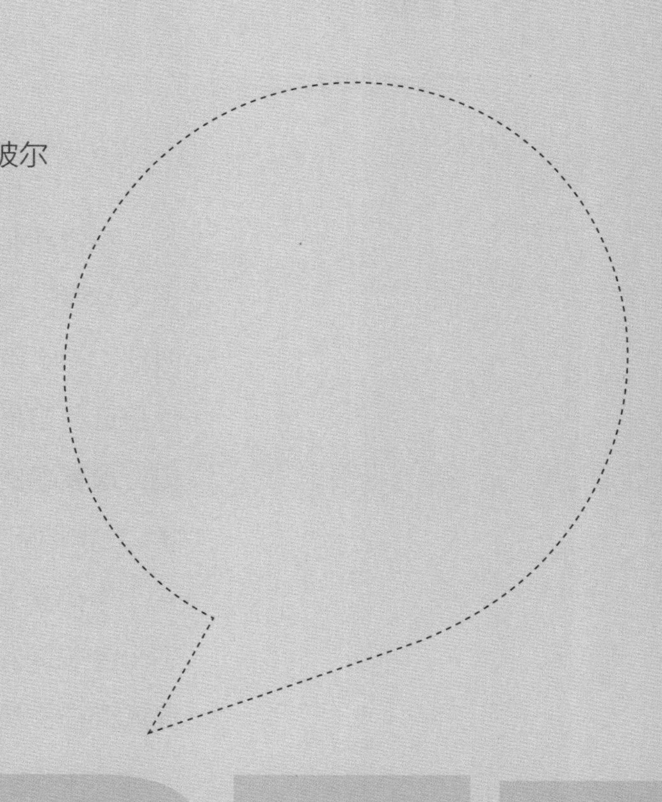

PART7

克里斯蒂安·惠更斯
（1629—1695）

克里斯蒂安·惠更斯，荷兰物理学家、天文学家、数学家，1629 年 4 月 4 日生于海牙，1695 年 7 月 8 日卒于海牙，享年 66 岁。他是近代自然科学的一位重要开拓者，是历史上最著名的物理学家之一。他对力学、光学、数学和天文学的研究发展都有杰出成就。

惠更斯从小就很聪明，13 岁时自己造了一台车床。他的父亲是位大臣，与笛卡尔等人交往密切，因此对他也有很大影响。

从 1645 年起，惠更斯先后在莱顿大学和布雷达学院学习法律与数学。他善于把科学实践与理论研究相结合，能透彻明了地解决某些重要问题，留给人们的科学论文与著作达 68 种。

在数学方面，22 岁时他就发表了计算圆周长、椭圆弧及双曲线的著作。他对各种平面曲线都进行过研究，还在概率论和微积分方面有所成就。

虽然在他的有生之年还没有量子的概念，但他在数学、光学和天文学方面的突出贡献，却对量子力学的建立提供了有力和卓著的帮助。

例如，1678 年，他在法国科学院的一次演讲中公开反对了牛顿的光的微粒说。他说，如果光是微粒性的，那么光在交叉时就会因发生碰撞而改变方向。鉴于牛顿当年在物理学界的权威，极少有人对牛顿经典理论提出怀疑，他的发言对敢于追求真理打破禁忌起到了启示作用。

惠更斯原理是近代光学的一个重要基本理论。它预料了光的衍射现象，可以确定光波的传播方向，使人类对光学现象有了一个粗浅的认识。后来，菲涅耳对惠更斯的光学理论作了发展和补充，创立了“惠更斯—菲涅耳原理”，较好地解释了衍射现象，完成了光的波动说的全部理论。

惠更斯于 1690 年出版了《光论》一书，阐述了光的波动原理。他认为，每个发光体的微粒在传媒介质中把脉冲传给邻近的微粒，使每个受激微粒都变成一个球形子波的中心。根据弹性碰撞理论，这样一群微粒虽然本身并不前进，但能同时传播向四面八方行进的脉冲，因此光束彼此交叉而不相互影响，并在此基础上用作图法解释了光的

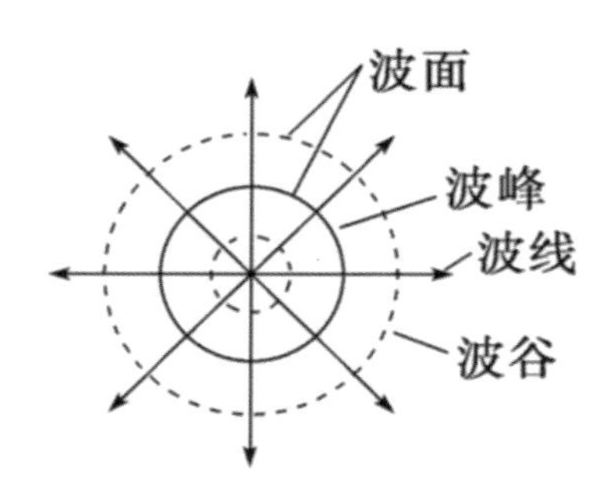

反射、折射等现象。《光论》中最精彩的部分是对双折射提出的模型，用球和椭球方式传播来解释寻常光和非常光所产生的奇异现象。书中有几十幅复杂的几何图，足以看出他的数学功底。

此外，惠更斯在天文学方面也有着很大的贡献。他设计制造的光学和天文仪器精巧超群，如磨制了透镜，改进了望远镜（用它发现了土星光环等）与显微镜，惠更斯目镜至今仍然采用。此外，还有几十米长的“空中望远镜”（无管、长焦距、可消色差）、展示星空的“行星机器”（即现在天文馆雏形）等。

对摆的研究是惠更斯所完成的最出色的物理学工作。惠更斯从实践和理论上研究了钟摆及其理论，用摆求出重力加速度的准确值，并建议用秒摆的长度作为自然长度标准。

多少世纪以来，时间测量始终是摆在人类面前的一个难题。当时的计时装置诸如日晷、沙漏等均不能在原理上保持精确。直到伽利略发现了摆的等时性，惠更斯将摆运用于计时器，人类才进入了一个新的计时时代。

马克斯·普朗克
（1858—1947）

马克斯·普朗克，1858 年 4 月 23 日出生于德国荷尔施泰因，1947 年 10 月 4 日去世，享年 89 岁。普朗克是德国著名的物理学家和量子力学重要创始人。他于 1918 年因发现能量的量子化而荣获诺贝尔物理学奖。

普朗克出生在一个受到良好教育的传统家庭，他的曾祖父和祖父都是哥廷根的神学教授，他的父亲是基尔和慕尼黑的法学教授，他的叔叔也是哥廷根的法学家和德国民法典的重要创立者之一。

普朗克的童年在基尔度过。1867 年，普朗克在慕尼黑的马克西米利安文理中学读书期间，发现自己对数理方面的兴趣，生平第一次学到了能量守恒原理。他 16 岁就完成了中学学业。

普朗克对音乐很有天赋，他会钢琴、管风琴和大提琴，并曾为一部歌剧作曲。但他对物理的兴趣使他最终选择了物理。1874 年，他在慕尼黑开始了自己的大学物理学业。他曾完成研究氢气在加热后铂中扩散的实验，但是普朗克很快就把研究转向了理论物理学。

1877 年至 1878 年，普朗克转学到柏林，在著名的物理学家门下学习物理和数学。普朗克受到热力学奠基人鲁道夫 · 克劳修斯的重要影响，潜心学习热学热力学理论。

普朗克在物理学上最主要的成就是提出了著名的普朗克辐射公式，创立了能量子概念。

普朗克从 1896 年开始对热辐射进行了系统研究。经过几年的艰苦努力，终于有了成果。1900 年 10 月，他在《德国物理学会通报》上发表《论维恩光谱方程的完善》，第一次提出了黑体辐射公式。12 月 14 日，在德国物理学会的例会上，他作了《论正常光谱中的能量分布》的报告，阐述了自己最惊人的发现。他假定物质辐射（或吸收）的能量不是连续地，而是一份一份地进行的，只能取某个最小数值的整数倍。这个最小数值就称为能量子。能量子的数学表达式为 $E=hv$。其中，h 被称为普朗克常数。普朗克当时把它称为基本作用量子，它标志着物理学从“经典幼虫”变成“现代蝴蝶”。

1906 年，普朗克在《热辐射讲义》一书中系统地总结了他的工作，为开辟探索微观物质运动规律新途径提供了重要基础。

1918 年，普朗克得到了物理学的最高荣誉奖——诺贝尔物理学奖。1926 年，普朗克被推举为英国皇家学会的最高级名誉会员，并作为物理学会的名誉会长。

在柏林的别墅家中，普朗克与不计其数的柏林大学教授们为邻。他的庄园成了社交和音乐中心，许多知名科学家在这里谈论科学，演奏音乐，过了多年幸福的生活。

自 20 世纪 20 年代以来，普朗克成为德国科学界的中心人物。他的公正、正直和学识，使他在德国受到普遍尊敬，具有决定性的权威。

Max Planck

普朗克的签名

阿尔伯特·爱因斯坦

（1879—1955）

阿尔伯特·爱因斯坦，德国犹太裔物理学家、思想家、哲学家。1879 年出生于德国乌尔姆市，1955 年去世，享年 76 岁。爱因斯坦 1900 年加入瑞士国籍，1933 年加入美国国籍。他因提出光量子假设，成功地解释了光电效应，获得 1921 年度的诺贝尔物理学奖。

爱因斯坦被公认为是继伽利略、牛顿以来最伟大的物理学家。1999 年 12 月 26 日，爱因斯坦被美国《时代周刊》评选为“世纪伟人”。

爱因斯坦有着传奇的一生。他 9 岁入读高中，10 岁开始读科普书籍和哲学著作，12 岁自学欧几里得几何并开始怀疑其假定。13 岁时读康德著作，16 岁自学完微积分，26 岁提出光量子假说，发表了量子论，解决了光电效应问题。1905 年完成《论动体的电动力学》，独立而完整地提出了狭义相对性原理，被认为开创了物理学的新纪元。这一年被称为“爱因斯坦奇迹年”。

爱因斯坦一生发表了无数篇著作，直到 76 岁逝世，几乎每年都有重要的科学研究成果。他 34 岁当选为普鲁士科学院院士，47 岁成为苏联科学院院士。

爱因斯坦在量子力学方面的巨大贡献体现在诸多方面。他首先提出了光量子假说，提出了光的波粒二象性，解释了光电效应。他第一个完成了固体的比热量子论论文，提出受激辐射理论，完成了《关于辐射的量子理论》。1923 年，他发现了康普顿效应，解决了光子概念中长期存在的矛盾，第一次推测量子效应可能来自过度约束的广义相对论场方程。此外，爱因斯坦还对量子力学带来的哲学问题进行过讨论。

爱因斯坦不仅在微观物质量子力学理论方面做出了巨大贡献，而且在宏观天文物理学方面做出了前所未有的杰出成就。

爱因斯坦先后提出了狭义相对论和广义相对论学说。这是迄今为止在研究宏观物理现象时所依靠的理论支柱。相对论是物理学领域的一次重大革命，深刻地揭示了时间和空间的本质属性，使牛顿力学在相对论力学理论中获得了进一步发展。

爱因斯坦从小就对光有浓厚的兴趣和奇特的想法。他 16 岁时曾想过如果一个人以光速运动时会看到什么现象？是不是看不到前进的光，只看到在空间里振荡着却停滞不前的电磁场。这种事可能发生吗？

1905 年，爱因斯坦通过对光的研究，提出了狭义相对论。在他看来，根据相对论和光速不变原理，所有时间和空间都是和运动的物体联系在一起的。对于任何一个参照系和坐标系，系中空间和时间所表达的物理规律形式都是相同的，这就是相对性原理。

狭义相对论的提出解决了笛卡尔关于提出了相对论却没有为时间和空间做出定义以及牛顿也讲了相对论却又提出绝对时间、绝对空间和绝对运动的矛盾，建立了全新的时间和空间理论。

在狭义相对论的基础上，爱因斯坦建立了相对论力学，指出质量与速度的增加成正比，速度如果接近光速，那质量也接近于无穷大。其质能关系式为 $E=mc^2$，这个质能关系式对后来原子能事业的发展起到了指导作用。

由于狭义相对论也存在着只适用于惯性系以及匀速直线运动等问题的不足，1916 年，爱因斯坦完成了长篇论文《广义相对论的基础》。爱因斯坦的广义相对论有三大论点：一是物质的存在使空间和时间发生弯曲，所以引力场实际上是一个弯曲的时空；二是引力在强引力场中其光谱会向红的一端移动；三是太阳引力场是大引力场，遥远的星光如果掠过太阳表面将会发生 1.7 秒的偏转。爱因斯坦的这三个预言后来都得到了实验的证实。广义相对论被英国皇家学会和皇家天文台正式确认。

爱因斯坦在提出相对论时，为了证明宇宙是静止的，而宇宙中有物质，物质的质量不为零，就在宇宙引力场方程式中添加了一个宇宙常数。但后来观察证明，从宇宙大爆炸那一刻起，宇宙就在不断膨胀。牛顿万有引力的力度对于保持星系平衡远远不够。宇宙物质中 90% 以上是暗物质，形成的暗能量使宇宙不断膨胀，为此，爱因斯坦认为宇宙常数是他一生中最大的错误。

爱因斯坦虽然是犹太人，却不信宗教。他性格开朗，喜欢音乐，会拉小提琴。爱因斯坦生活在两次世界大战时期，饱经战乱，但他是和平主义者，为反法西斯的斗争做了大量工作。

1955 年 4 月 18 日，爱因斯坦被诊断出患有主动脉瘤，18 日午夜逝世于普林斯顿。一位名叫托马斯 · 哈维的医生在验尸过程中，经爱因斯坦的长子汉斯允许，取下爱因斯坦的大脑保存，这位病理医生希望未来神经科学界能够研究爱因斯坦的大脑，以发现爱因斯坦那么聪明的原因。为遵照爱因斯坦的遗嘱，他死后并没有举行任何丧礼，也不筑坟墓，不立纪念碑，骨灰撒在永远保密的地方，目的是不会令埋葬他的地方成为圣地。

尼尔斯·亨利克·戴维·玻尔

（1885—1962）

尼尔斯·亨利克·戴维·玻尔，1885年10月7日出生于丹麦哥本哈根，1962年11月18日因心脏病去世，终年77岁，丹麦物理学家。32岁时成为丹麦皇家科学院院士。1922年获得诺贝尔物理学奖。1924年12月被选为俄罗斯科学院的外国通信院士。

玻尔的儿子奥格·尼尔斯·玻尔也是物理学家，于1975年获得诺贝尔物理学奖。

玻尔出生于一个良好的家庭，父亲是生理学教授。玻尔18岁进入哥本哈根大学数学和自然科学系，主修物理学。22 岁获得丹麦皇家科学文学院的金质奖章，24 岁和 25 岁分别获得哥本哈根大学的科学硕士和哲学博士学位。随后去英国学习，参加了曼彻斯特大学以卢瑟福为首的科学集体，和卢瑟福建立了长期密切的关系。

1913 年初，玻尔通过引入量子化条件，提出了原子模型的定态假设和频率法则，即原子系统的状态是稳定的，原子系统的每个变化只能从一个稳定态完全跃迁到另一个稳定态。只有电子在两个稳定态之间跃迁才会产生电磁辐射。玻尔写的《论原子构造和分子构造》一书，提出了氢原子结构的玻尔星系模型，按照这一模型，电子环绕氢原子核做轨道运动如同太阳系中行星绕太阳运动，在氢原子模型中，外层轨道可以容纳的电子比内层轨道多。元素的化学性质由外层轨道的电子数决定。当外层轨道上的电子落入内层轨道上时，将释放出一个带固定能量的光子。这在原子结构的问题上迈出了革命性的一步。

1921 年，玻尔发表了《各元素的原子结构及其物理性质和化学性质》的长篇演讲，阐述了光谱和原子结构理论的新发展，诠释了元素周期表的形成并对原子结构作了说明。

1927 年初，海森堡、玻尔、约尔丹、薛定谔、狄拉克等成功地创立了原子内部过程的全新理论量子力学，玻尔起了巨大的促进作用。

玻尔认识到他的原子模型理论只是经典理论和量子理论的混合。因此，为了能够更准确地描述微观尺度的量子过程，1927 年 9 月，玻尔提出了著名的“互补原理”。

互补原理指出，经典理论是量子理论的极限近似。按照互补原理，可以由旧理论推导出新理论。后来玻尔的学生海森堡在互补原理的指导下，寻求与经典力学相对应的量子力学的各种具体对应关系和对应量，由此建立了矩阵力学。

在对于量子力学的解释上，玻尔等人提出了哥本哈根诠释的不确定性原理，但遭到爱因斯坦及薛定谔等决定论者的坚决反对。从此，玻尔与爱因斯坦开始了长达 35 年的论战，其中最有名的一次是在 1930 年召开的第六次索尔维会议上，爱因斯坦提出了后来知名的“爱因斯坦光盒”问题，以求驳倒不确定性原理。

爱因斯坦假定有一只盒子，在任意短的时间内发射出去了一个光子。光子是有质量的，那么盒子因为跑出来一个光子而减少了质量。用弹簧秤测出盒子减少了多少质量，就知道光子带走了多少能量，所以结果确定。爱因斯坦以此来否定量子力学的不确定性。玻尔当时无言以对，但冥思一晚之后发现了一个巧妙的反驳办法。第二天，玻尔进行了反驳。他说，由于盒子里少了一个光子，因此盒子的位置也发生了变化。那么在引力场中，时钟也会发生变化，这就多了一个时间的不确定性。有了位置和时间的两个不确定，所以结果是不确定的。这个回答使得爱因斯坦不得不承认不确定性原理是自洽的。但爱因斯坦并不死心，他又用其他的假设实验来否定玻尔的不确定原理，这一争论一直持续至爱因斯坦去世。这场论战从许多方面促进了玻尔观点的完善，使他在以后对互补原理的研究中，不仅运用到物理学，而且运用到其他领域。玻尔与爱因斯坦亦敌亦友成为物理界的佳话。

1944 年，玻尔在美国参加了和原子弹有关的理论研究。1945 年，玻尔回到丹麦，此后致力于推动原子能的和平利用。

玻尔喜欢足球，曾是哥本哈根大学足球俱乐部的明星守门员，但他习惯在足球场上一边守着球门，一边用粉笔在门框上排演公式，思考数学难题。

1937 年 5 月 20 日至 6 月 7 日，玻尔曾访问中国。

1965 年玻尔逝世三周年时，哥本哈根大学物理研究所被命名为尼尔斯 · 玻尔研究所。1997 年，IUPAC 正式通过将第 107 号元素命名为 Bohrium，以纪念玻尔。

玻尔也因为与海森堡、泡利、狄拉克等在量子力学中做出了杰出贡献而被称为哥本哈根学派的核心人物。

玻尔的签名

路易·维克多·德布罗意

（1892—1987）

路易·维克多·德布罗意，1892 年 8 月 15 日出生于法国迪耶普，1987 年 3 月 19 日逝世，终年 95 岁。他是法国理论物理学家，波动力学的创始人，物质波理论的创立者，量子力学的奠基人之一。1929 年获得诺贝尔物理学奖。他是欧、美、印度等 18 个科学院院士。他的主要著作有《波动力学导论》《物质和光：新物理学》《物理学中的革命》《海森伯不确定关系和波动力学的概率诠释》等。

路易·维克多·德布罗意出生于法国贵

族家庭。其祖父是法国著名政治家和国务活动家，曾当选为法国国民议会下院议员、法国驻英国大使、法国总理和外交部部长等职务。

德布罗意从小就酷爱读书。中学时代显示出文学才华，18 岁在巴黎索邦大学学习历史，1910 年获文学学士学位。

德布罗意的哥哥是一位 X 射线方面的专家，拥有设备精良的私人实验室。他从哥哥那里了解到普朗克和爱因斯坦关于量子方面的工作，激起了对物理学的强烈兴趣，转向研究理论物理学。1913 年他又获得了理学学士学位，1924 年获得巴黎大学博士学位。

德布罗意从未结婚。他喜欢过平俗简朴的生活，选择住在平民小屋，深居简出，从不休假。他喜欢步行或搭巴士，没有私人汽车。他对人彬彬有礼，从不发脾气，是一位贵族绅士。

1923 年，德布罗意连续在《法国科学院通报》上发表了 3 篇有关波和量子的论文。第一篇论文的题目是“辐射——波与量子”，提出一切物质都具有波粒二象性，认为与运动粒子相应的有一个正弦波，两者总保持相同的位相。他把这种假想的波称为相波，并应用到以闭合轨道绕核运动的电子，推出了玻尔量子化条件。在第三篇题为“量子气体运动理论以及费马原理”的论文中，他进一步提出：“只有满足位相波谐振，才是稳定的轨道。”在第二年的博士论文中，他进一步明确谐振条件是，电子轨道的周长是位相波波长的整数倍。

在第二篇题为“光学——光量子、衍射和干涉”的论文中，德布罗意提出在一定情形中，任一运动质点能够被衍射，穿过一个相当小的开孔的电子群会表现出衍射现象。

德布罗意提出了位相波或相波的概念，却没有解释这是什么波。

他特别声明：“我特意将相波和周期现象说得比较含糊，就像光量子定义一样，可以说只是一种解释，因此最好将这一理论看成是物理内容尚未说清楚的一种表达方式，而不能看成是最后定论的学说。”后来人们发觉这一关系在他的论文中已经隐含了波长 λ 和动量 p 之间的关系式：$\lambda=h/p$，就把这一关系称为德布罗意公式。

德布罗意将爱因斯坦光的波粒二象性扩展到了运动粒子，得到爱因斯坦的大力支持。爱因斯坦在一篇论文中写道：“一个物质粒子或物质粒子系可以怎样用一个波场相对应，德布罗意先生已在一篇很值得注意的论文中指出了。”

1926 年，薛定谔发表他的波动力学论文时，曾明确表示：“这些考虑的灵感，主要归因于路易 · 维克多 · 德布罗意先生的具有独创性的论文。”1927 年，美国的戴维森和革末及英国的 G.P. 汤姆孙通过电子衍射实验各自证实了电子确实具有波动性。至此，德布罗意的理论作为大胆假设而成功的例子获得了普遍的赞赏，从而使他获得了 1929 年诺贝尔物理学奖。

1938 年，因为德布罗意在理论物理学的杰出贡献，德国物理学会颁给他最高荣誉马克斯 · 普朗克奖章。1952 年，联合国教科文组织授予他一级卡琳加奖。1956 年，他获得了法国科学研究中心的金质奖章。

沃纳·卡尔·海森堡

（1901—1976）

沃纳·卡尔·海森堡，1901 年 12 月 5 日出生于德国维尔茨堡，1976 年 2 月 1 日逝世，享年 75 岁。海森堡是德国物理学家，量子力学的主要创始人，哥本哈根学派的代表人物，1932 年获得诺贝尔物理学奖。他的《量子论的物理学基础》著作是量子力学领域的一部经典著作。

1920 年以前，海森堡在著名的慕尼黑麦克西米学校读书。那里曾经是普朗克 40 年前求学的地方。海森堡中学时就很快掌握了微积分。毕业后，海森堡考入慕尼黑大学攻读物理学。后来，他又前往哥廷根大学学习物理。1923 年，海森堡取得了慕尼黑大学的哲学博士学位。

1923 年 10 月，海森堡回到哥廷根，成为玻恩的私人助教。1924 年 6 月 7 日，他在哥廷根第一次遇见爱因斯坦。

海森堡在量子力学上的重要贡献是用数学中线性代数“矩阵”的抽象概念解释复杂的原子结构。他于 1925 年创立了矩阵力学，并提出了不确定性原理及矩阵理论。

因为玻尔原子理论建立在不可直接观察或不可测量的量上，因此用经典力学的直接观测实验方法不可能来观测和证明玻尔的原子理论的真实性。海森堡认为，在只涉及宏观体系时，量子力学的预测虽然与经典力学不同，不过由于两者在量上差别太小而看不出有何不同。但是在涉及原子量纲体系的情况下，量子力学的预测与经典力学的预测有了很大差别，实验表明量子力学的预测是正确的。

海森堡认为，我们不是总能准确地确定某一时间电子在空间上的位置，也不可能在它的轨道上跟踪它，因而玻尔假定的行星轨道是不是真的存在还不能确定。因此，像位置、速度等力学量需要用线性代数中的“矩阵”这种抽象的数学体系来表示，而不应该用一般的数来表示。

作为一种数学体系，矩阵是指复数在矩形中排列成的行列，每个数字在矩形中的位置由两个指标来表示：一个相当于数学位置上的行，另一个相当于数学位置上的列。“矩阵”被提出后，玻恩与约尔丹共同对矩阵力学原理进行了进一步研究。1925 年 9 月，他俩一起发表了《论量子力学》一文，将海森堡的思想发展成量子力学的一种系统理论。同年 11 月，海森堡在与玻恩和约尔丹的协作下，发表《关于运动学和力学关系的量子论的重新解释》的论文，创立了量子力学中的一种形式体系——矩式体系。从此，人们找到了原子微观结构的自然规律。

海森堡矩阵力学所采用的方法是一种代数方法，它从所观测到的光谱线的分立性入手，强调不连续性。几个月后的 1926 年初，奥地利物理学家薛定谔采用解微分方程的方法，从推广经典理论入手，强调连续性，从而创立了量子力学的第二种理论波动力学。一开始，两人都对对方的理论提出了批评。后来，薛定谔在认真研究了海森堡的矩阵力学之后，与诺依曼一起证明了波动力学和矩阵力学在数学上的等价性。这两种理论的成功结合大大丰富和拓展了量子理论体系。这样，解决原子物理任务的方法在 1926 年就正式创立起来了。

1933 年，为了表彰海森堡创立的量子力学，尤其是运用量子力学理论发现了同素异形氢，瑞典皇家科学院给他颁发了诺贝尔物理学奖。

1976 年 2 月 1 日，海森堡这位 20 世纪杰出的科学家与世长辞。作为量子力学的奠基者，人们永远不会忘记他改变了人们对客观世界的基本观点及其在实际应用中对激光、晶体管、电子显微镜等现代化设备中所产生的巨大影响。这位“永远以哥伦布为榜样”的科学家，在物理学微观世界中，开拓了新的途径，成为量子力学的创始人之一，在微观粒子运动学和力学领域中做出了卓越的贡献。

马克斯·玻恩
（1882—1970）

马克斯·玻恩，德国犹太裔理论物理学家，量子力学的奠基人之一。1882 年 12 月 11 日出生于德国普鲁士的布雷斯劳（现为波兰的弗罗茨瓦夫市），1970 年 1 月 5 日在阿根廷逝世，享年 88 岁。马克斯·玻恩因提出量子力学的统计解释而获得 1954 年度的诺贝尔物理学奖。

马克斯·玻恩 1907 年在哥廷根大学通过博士考试。1915 年任柏林大学理论物理学教授时，与普朗克、爱因斯坦相识并一起工作。玻恩曾获得剑桥大学、牛津大学和柏林大学等十多所大学的名誉博士学位。他还是美国国家科学院、美国艺术与科学院、爱丁堡皇家学会会员，是柏林、哥廷根、哥本哈根、斯德哥尔摩等科学院院士。德国物理学会与英国物理学会联合做出决定，从 1973 年起，每年颁发一次“马克斯 · 玻恩奖”，以表彰在物理学领域做出特别贡献的英国和德国科学家，并以此纪念马克斯 · 玻恩所做的贡献。

玻恩在物理学中的主要成就是创立矩阵力学和对薛定谔的波函数做出统计解释。

1926 年，玻恩和海森堡、约尔丹等人从微观物质的粒子性出发，用数学中的矩阵方法研究原子系统的量子态规律，建立了矩阵理论。与此同时，薛定谔从微观物质的波动性出发，用波函数迭加理论也解决了旧量子论不能解决的有关问题。当时二人曾经对对方的理论都表示了怀疑，后来经多位科学家的分别验证，一致证明矩阵理论和波函数理论是解决量子态现象同一理论的不同形式。这两种不同方法解释同一现象在理论体系中的存在，使量子力学突显了它与经典力学的区别，是量子力学的显著特性，成为量子力学的重要理论依据。

在玻恩对波函数的薛定谔方程研究过程中，发现波函数并没有解决好量子体系的各种物理现象与观察之间的关系。为此，玻恩通过自己的研究对波函数的物理意义做出了统计解释。他认为，虽然整个体系处于同一状态的单个量子态迭加，但是测量结果不都是一样的，那么从统计原理出发，这时可以用一个以用波函数描述的统计分布，即用波函数的二次方来代表粒子出现的概率。这个解释取得了很大的成功，玻恩因此荣获了 1954 年度的诺贝尔物理学奖。

沃尔夫冈·泡利

（1900—1958）

沃尔夫冈·泡利，美籍奥地利科学家、物理学家，1900年4月25日出生于奥地利维也纳，1958年12月15日在苏黎世逝世，享年58岁。泡利于1946年加入美国国籍，是美国科学发展协会的创始人之一。

1918年，泡利中学毕业后，得到慕尼黑大学著名物理学家苏末菲的青睐，没有直接上大学就成为该大学最年轻的研究生。这一年，18岁的泡利发表了第一篇关于引力场中能量分量的论文。第二年，泡利又以两篇论文指出并批判了韦耳的引力理论。其立论之明确，思考之成熟，令人很难相信这出自一个不满 20 岁的青年之手。

1921 年，泡利获得博士学位。他为德国的《数学科学百科全书》写了一篇长达 237 页的关于狭义和广义相对论的词条，该文到今天仍然是这个领域的经典文献之一。爱因斯坦曾评价说："任何该领域的专家都不会相信，该文出自一个仅 21 岁的青年人之手，他使任何一个人都会感到羡慕。"

1925 年 1 月，25 岁的泡利提出了他一生中发现的最重要的原理——泡利不相容原理。泡利指出：在原子的同一电子轨道中，可以容纳自旋相反的两个电子，但不能容纳运动状态完全相同的两个电子。若在同一层中已有自旋相反的两个电子，则另两个自旋相反的电子只能排进亚电子层中。若电子层数是 n，这层的电子数目最多是 $2n$ 个。

什么是亚电子层？由于在同一电子层中电子能量的差异，电子层可以分成 n 个亚电子层。亚电子层用 s、p、d、f 符号表示。其能量按顺序逐渐升高为四个能层。核外电子层则用 K、L、M、N、O、P、Q 字母表示。K 层包含一个 s 亚层；L 层包含 s 和 p 两个亚层；M 层包含 s、p、d 三个亚层；N 层包含 s、p、d、f 四个亚层。

这样，根据泡利不相容原理，就可以计算出电子数按层排列的规律为：s 亚层 2 个，p 亚层 6 个，d 亚层 10 个，f 亚层 14 个。无论作为最外层是第几层，这层的电子数不能超过 8 个，次外层的电子数不能超过 18 个。例如氧原子的电子排布式为 1s22s22p4。目前为止，只发现了 8 个电子层。

直到 1945 年，这个理论的正确性和它产生的广泛深远的影响才得以确认。不相容原理是量子力学的主要支柱之一，是自然界的基本定律。

泡利一生反对错了的最重要的两件事情：一个是电子自旋，另一个是宇称不守恒。可能有时一个人过于敏锐了，对于一些违反常规的想法会有一种本能的抵制。

恩里科·费米

（1901—1954）

恩里科·费米，美籍意大利裔物理学家，1901 年 9 月 29 日出生于意大利首都罗马，1954 年 11 月 28 日在美国芝加哥去世。他是 1938 年诺贝尔物理学奖获得者。他的学生中有 6 位获得过诺贝尔物理学奖。

意大利人在物理学上曾经有过一段辉煌的历史，成为近代自然科学诞生的温床。伽利略关于匀速直线运动的相对性原理和重力加速度恒定原理，为当时的力学及后来的物理学奠定了基础。但到 19 世纪末这一段近百年的时间里，意大利人在物理学方面几乎没有出色的贡献，也没有世界一流的物理学家，直到费米的出现。

费米在中学时代就展现了在数学和物理方面的才能。他 17 岁时获得比萨高等师范学校的奖学金，22 岁获得了物理学博士。

在此期间，他曾访问了德国哥廷根大学的马克斯 · 玻恩教授和荷兰莱顿大学的艾伦法斯特教授。1924 年，他回到意大利，在佛罗伦萨大学任职数学物理和力学科讲师，但后来他把研究重点放在了原子核本身而不是核外电子上。

25 岁那年，费米发现了一种新的统计定律，后被称为费米一狄拉克统计定律。这种统计适用于所有遵循泡利不相容原理的粒子，因此这些粒子被称为费米子。费米一狄拉克统计和玻色子所遵循的玻色一爱因斯坦统计是量子世界的基本统计规律。1934 年，他在原先的辐射理论和泡利的中微子理论基础上提出了 β 衰变的费米理论。在人工放射性被发现后不久，他通过实验演示了几乎所有元素在中子轰炸下都会发生核变化，这个工作促使了慢中子和核裂变的发现。

费米于 1938 年获得了诺贝尔物理学奖之后，和夫人移居到了美国，并在哥伦比亚大学担任教授。在 1939 年哈恩和斯特拉斯曼发现核裂变后，费米马上意识到次级中子和链式反应的可能性。

1942 年 12 月 2 日，他在芝加哥大学体育场的壁球馆试验成功了首座受控核反应堆。在第二次世界大战期间，在第一枚原子弹的建造过程中（曼哈顿计划），他是主要领导者之一。

1945 年 7 月 16 日晚上，原子弹在内华达州的沙漠引爆成功时，费米在原子弹试爆现场附近，突然跃起向空中撒了一把碎纸片，爆炸后气浪将纸片急速地卷走，他紧追纸片跑了几步，并根据纸片飞出的距离估算了核爆炸的“当量数”，大声喊着：“成功了！它的爆炸威力相当于 2 万吨 TNT 炸药。”后来证明是惊人的准确。

第二次世界大战之后，费米的主要研究方向是高能物理，他在介子的核相互作用和宇宙射线的来源等方面都做出了开创性的工作。

1942 年，他担任芝加哥大学的物理学教授，1954 年在芝加哥去世。

为纪念这位物理学家，费米国家实验室和芝加哥大学的费米研究所都以他的名字命名。2008 年 6 月 11 日，美国发射的大面积伽马射线空间望远镜于同年 8 月 26 日更名为费米伽马射线空间望远镜，作为他身为高能物理先驱的纪念。

保罗 · 狄拉克

（1902—1984）

保罗 · 狄拉克，1902 年 8 月 8 日出生于英格兰西南部的布里斯托，1984 年 10 月 20 日逝世于美国佛罗里达州塔拉哈西。他是继牛顿之后英国最伟大的理论物理学家，圣约翰学院院士，量子力学的奠基者之一，在量子电动力学早期发展中做出了重要贡献。1933 年，狄拉克与埃尔温 · 薛定谔因发现了原子理论的新形式而共同获得 1933 年度的诺贝尔物理学奖。1973 年，狄拉克获颁功绩勋章，这在英国是极高的荣誉。此外，狄拉克在 1939 年获颁皇家奖章，1952

年获颁科普利奖章以及马克斯 · 普朗克奖章。

狄拉克在 23 岁时成为量子力学的创始人之一。他提出了著名的狄拉克方程，并从理论上预言了正电子和反物质的存在。

狄拉克原来从事相对论动力学的研究，后来把精力转向量子力学。1926 年，他在剑桥大学学习期间，因发现了经典力学中泊松括号与海森堡提出的矩阵力学规则有相似之处，发表了名为《量子力学》的论文，提出了更明确的量子化规则——正则量子化，为此获得了博士学位。

1928 年，狄拉克在描述自旋的 2 × 2 矩阵时，发现存在无法解释的负能量解。这促使狄拉克预测电子的反粒子——正电子的存在，正电子能够解释自旋是作为一种相对论性的现象。于是，他把相对论引进量子力学，建立了狄拉克方程。这一方程既满足相对论的所有要求，适用于运动速度无论多快的电子；同时又能自动导出电子有自旋的结论。方程的解既包括正能态，也包括负能态。狄拉克由此做出了存在正电子的预言，认为正电子是电子的一个镜像，它们具有严格相同的质量，但是电荷符号相反。狄拉克根据这个图像，还预料存在着一个电子和一个正电子互相湮灭放出光子的过程；相反，这个过程存在可能的逆过程，即光子转化产生一个电子和一个正电子。两年后，美国物理学家安德森在研究宇宙射线簇射中高能电子径迹的时候，在实验中全面印证了狄拉克预言的正确性。狄拉克的工作开创了反粒子和反物质的理论和实验研究。

1930 年，狄拉克出版了他的量子力学著作《量子力学原理》，这是物理史上重要的里程碑，至今仍是量子力学的经典教材。在这本书中，狄拉克将海森堡在矩阵力学以及薛定谔在波动力学的工作整合成一个数学体系，当中连接了可观测量与希尔伯特空间中作用子的关系。

在 20 世纪 30 年代早期，他也提出了真空极化的概念。这是量子电动力学发展的关键。狄拉克被视作量子电动力学的奠基者，也是第一个使用量子电动力学这个名词的人。

狄拉克因创立有效的、新形式的原子理论而获得 1933 年度的诺贝尔物理学奖。

此外，狄拉克还是量子辐射理论的创始人，曾经和费米各自独立发现了费米—狄拉克统计法。特别值得一提的是，狄拉克早在 20 世纪 30 年代，就从理论上提出了可能存在磁单极的预言。

总结起来，狄拉克对物理学的主要贡献是：给出描述相对论性费米粒子的量子力学方程（狄拉克方程），给出反粒子解；预言磁单极；给出费米—狄拉克统计。另外，他在量子场论尤其是量子电动力学方面也做出了奠基性的工作，在引力论和引力量子化方面也有杰出的工作。

对于狄拉克，玻尔曾说：“在所有的物理学家中，狄拉克拥有最纯洁的灵魂。”

马克斯 · 玻恩曾回忆他第一次看狄拉克的文章：“我记得非常清楚，这是我一生的研究经历中最大的惊奇之一。我完全不知道狄拉克是谁，可以推测大概是个年轻人，然而其文章每个部分都相当完美且可敬。”

美籍华裔物理学家杨振宁在 1991 年发表《对称的物理学》一文，

提到他对狄拉克的看法:“在量子物理学中,对称概念的存在,我曾把狄拉克这一大胆的、独创性的预言比之为负数的首次引入,负数的引入扩大地改善了我们对于整数的理解,它为整个数学奠定了基础,狄拉克的预言扩大了我们对于场论的理解,奠定了量子电动场论的基础。”

杨振宁曾提到狄拉克的文章给人“秋水文章不染尘”的感受,没有任何渣滓,直达深处,直达宇宙的奥秘。

总结狄拉克的一生,阿卜杜勒·萨拉姆如是说:“保罗·埃卓恩·莫里斯·狄拉克——毫无疑问是 20 世纪或任一个世纪最伟大的物理学家之一。1925 年、1926 年以及 1927 年是他三个关键的工作年,奠定了其一量子物理、其二量子场论以及其三基本粒子理论的基础。没有人,即便是爱因斯坦,也没有办法在这么短的期间内对 20 世纪物理的发展做出如此决定性的影响。”

埃尔温·薛定谔

（1887—1961）

埃尔温·薛定谔，1887 年出生于奥地利，1961 在奥地利维也纳逝世，享年 74 岁。薛定谔是著名的奥地利物理学家，量子力学的奠基人之一。1933 年获诺贝尔物理学奖，1937 年获马克斯·普朗克奖章。

因为父亲讲德语，母亲讲英语，薛定谔几乎是同一个时间学习英语和德语两国语言。薛定谔一生对色彩理论、哲学、东方宗教特别是印度教深感兴趣。薛定谔 11 岁那年进入了文理高中，后在维也纳大学学习物理与数学并取得博士学位。

有趣的是，在此之前，德国物理学家 W.K. 海森堡、M. 玻恩和 E.P. 约旦于 1925 年 7~9 月通过另一途径建立了矩阵力学，同样解决了微观粒子的运动状态问题。为此，两种理论之间出现了争论。1926 年 3 月，薛定谔发现波动力学和矩阵力学在数学上实际是等价的，是量子力学的两种形式，可以通过数学变换从一个理论转到另一个理论，并且相互之间可以实现互补，从而使物理学界最后普遍接受了玻恩提出的波函数的概率解释。

薛定谔在提出薛定谔方程时只有 39 岁，他在不到 5 个月的时间里连续发表了 6 篇论文。不仅建立起波动力学的完整框架，系统地回答了当时已知的实验现象，而且证明了波动力学与海森伯矩阵力学在数学上是等价的，令整个物理学界为之震惊。

此外，薛定谔还提出了一个极为有趣且著名的薛定谔的猫假设实验。大意是：在一个封闭的盒子里有一只猫，有一个击发开关与放有放射性物质的装置相连。在经过一段时间之后，放射性物质有可能发生原子衰变，衰变释放的电子击发装置开关而放出毒气，但也有可能不发生衰变。因此，经典力学认为，只有打开盒子才知道这只猫是死是活。而按照量子力学波的迭加认为，在打开盒子之前，这只猫处于不死不活的迭加态，打开盒子的那一瞬间，波的迭加态坍缩，物质的粒子态表现了猫的死活。

这个假想的实验证明了在宏观条件下经典力学与量子力学观察同一事物的不同方法，证明了量子力学对于宏观物质现象解读的特殊性。正如爱因斯坦所说，薛定谔的猫的实验最好地揭示了量子力学通用解释的悖谬性。但为什么量子力学的迭加波态会突然坍塌？谁也无法解释。为摆脱这种困境，人们设想了许多方案来填平这种不可理喻的鸿沟。美国人格利宾提出了平行世界假设，即猫死与猫活这两种结果分属两个独立平行且真实存在的世界，是我们自己为我们的世界选择了其中之一的观察。这似乎并没有消除人们的困惑，反而说明了量子力学中的不确定原理。薛定谔的猫的实验还涉及统计理论问题，并在哲学界掀起了层层大浪。

薛定谔尽管为量子力学做出了基础性的贡献，但其本人的初衷却是希望用经典的解释方法来解释微观现象，而结果却适得其反。更令人称绝的是，薛定谔本人坦承他的科学工作并非是独创，他总能在一些人的创新观念启发下完成自己的研究，如波动力学来自德布罗意，《生命是什么》一书的灵感来自玻尔和德尔布吕克，而“薛定谔的猫”则来自爱因斯坦。

杨振宁

（1922— ）

杨振宁，1922 年 10 月 1 日生于中国安徽合肥，世界著名物理学家。清华大学高等研究院教授，香港中文大学博文讲座教授。他是中国科学院院士、美国科学院院士、中央研究院院士、俄罗斯科学院院士、教廷宗座科学院院士、巴西科学院院士、委内瑞拉科学院院士、西班牙皇家科学院院士、英国皇家学会会员等。

杨振宁 16 岁时考入国立西南联合大学至研究生毕业，1945 年留学美国。1948 年获芝加哥大学哲学博士学位。1949 年进入普林斯顿高等研究院进行博士后研究工作；同年，与恩利克·费米合作，提出基本粒子第一个复合模型。1957 年，杨振宁与李政道因共同提出宇称不守恒理论而获得诺贝尔物理学奖，他们是最早获得诺贝尔奖的华人。1964 年杨振宁加入美国国籍，1965 年当选美国科学院院士。1971 年夏，杨振宁回国访问，是美籍知名学者访问新中国的第一人。1994 年，与丘成桐教授创立香港中文大学数学科学研究所，两人同任所长。1997 年，出任清华大学高等研究中心荣誉主任；同年，获颁香港中文大学荣誉理学博士学位。1997 年 5 月，国际小行星中心根据中国科学院紫金山天文台提名申报，将该台于 1975 年 11 月 26 日发现、国际编号为 3421 号小行星正式命名为“杨振宁星”。1999 年 5 月，杨振宁正式退休，决定将所获诺贝尔奖章及其保存的大量文章、信札、手稿捐赠予香港中文大学，香港中文大学特在校园内设立杨振宁学术资料馆长期保管。2003 年年底，杨振宁回北京定居。2017 年 2 月，放弃美国国籍成为中国公民，正式转为中国科学院院士。

1952 年，杨振宁还和李政道合作完成并发表了两篇关于相变理论的论文，引起爱因斯坦的兴趣。这个理论精品至今魅力不减。

杨振宁利用量子力学理论在解决粒子统计函数和超导现象及宇称不守恒等方面取得了非凡成就。

一是发现一维 δ 函数排斥势中的费米子量子多体问题可以转化为一个矩阵方程，这个方程被称为杨—Baxter 方程。二是 1969 年杨振宁将一维 δ 函数排斥势中的玻色子问题推进到有限温度，历史上首次得到有相互作用的量子统计模型在有限温度（$T>0$）中的严格解。三是超导体磁通量子化的理论解释。四是提出非对角长程序概念。五是提出时间反演、电荷共轭和宇称三种分立对称性。六是高能中微子实验的理论探讨。七是 CP 不守恒的唯象框架。八是提出了杨—Mills 规范场论。在主宰世界的 4 种基本相互作用中，弱电相互作用和强相互作用都由杨—Mills 理论描述，而描述引力的爱因斯坦的广义相对论也与杨—Mills 理论有类似之处。这被普遍认为具有“开天辟地”的崇高地位，它的成功是物理学史上的一场革命，是 20 世纪后半叶基础物理学的总成就，与 Maxwell 方程、Einstein 方程共同具有极其重要的历史地位。九是规范场论的积分形式。十是规范场论与纤维丛理论的对应。

杨振宁总共大约有300篇论文发表于《物理评论》《物理评论通信》等权威刊物上。

杨振宁一生获得的大奖有：诺贝尔物理学奖、费米奖、润福德奖、奥本海默纪念奖、美国国家科学奖章、莫斯科大学奖、本杰明 · 富兰克林奖、鲍尔奖、爱因斯坦奖、中国国际科技合作奖、俄国波哥柳波夫奖、昂萨格奖、教皇学术奖、费萨尔国王国际科学奖、影响世界华人盛典——终身成就奖等。

有人说杨振宁是 20 世纪继爱因斯坦和费米之后，第三位有全面的知识和才能的“物理学全才”，是华人当中知名度最高的当代科学家之一。作为中国首位诺贝尔奖得主，杨振宁在中国政界、学术界一直受到极高的尊崇。

潘建伟

（1970— ）

潘建伟，1970 年 3 月出生，中国浙江省东阳市人。中国科学技术大学常务副校长、教授、博士生导师，中国科学院院士，中国科学院量子科学实验卫星先导专项首席科学家，中国科学技术大学量子隐形传态研究项目组主持人。入选英国《自然》杂志 2017 世界十大科学人物，在对他的介绍中说，在中国，人们称他为“量子之父”。

1992 年毕业于中国科学技术大学近代物理系，理论物理硕士，维也纳大学博士，塞林格组博士后，并在多家国内外科研和学术机构任职。主要有：2003—2008 年，任德国海德堡大学玛丽 · 居里讲座教授；2011 年，当选为中国科学院数学物理学部院士；2012 年，当选为发展中国家科学院院士；2016 年 6 月，当选中国科协副主席等。

潘建伟教授及他的团队多次获得国内外重大奖项，如 2003 年奥地利科学院授予的 Erich Schmid 奖。这是该院授予 40 岁以下青年物理学家的最高奖，两年一度，每次一人；2012 年度的国际量子通信奖；2013 年何梁何利基金最高奖“科学与技术成就奖”；2017 年第二届“未来科学大奖”中的“物质科学奖”；同时还有求是杰出科学家奖、中国青年科学家奖、中国科学院杰出科技成就奖、欧洲物理学会菲涅尔奖等奖项。

潘建伟在量子信息学领域取得了多项重大科研成果。

2006 年夏天，中国潘建伟小组与美国、欧洲等多个国家及大学的研究小组各自同时实现了超过 100 公里的量子保密通信实验。其中，潘建伟小组在 2009 年进行的实验将绝对安全通信距离延长到 200 公里。

2007 年，实现六光子薛定谔猫态实验，刷新了光子纠缠和量子计算领域的两项世界纪录。

2008 年，在国际上首次实现了具有存储和读出功能的纠缠交换，建立了由 300 米光纤连接的两个冷原子系综之间的量子纠缠。该实验成果完美地实现了远距离量子通信中急需的“量子中继器”，向未来广域量子通信网络的最终实现迈出了坚实的一步。

2009 年，潘建伟团队研制成功量子电话样机，组建了可自由扩充的光量子电话网，节点间距达到 20 公里，实现了“一次一密”加密方式和“电话一拨即通、语音实时加密、安全牢不可破”的量子保密电话。

2012 年，在 Reviews of Modern Physics 以第一作者发表论文，是为数不多在该杂志发文的中国学者。

2013 年，潘建伟小组和加拿大一个研究组分别在国际上首次实验实现了与测量器件无关的量子密钥分发，完美地解决了所有针对探测系统的攻击。

2014 年 11 月，潘建伟团队与中国科学院上海所、清华大学的科研人员合作，将可以抵御黑客攻击的远程量子密钥分发系统的安全距离扩展至 200 公里，并将成码率提高了 3 个数量级，创下新的世界纪录。2018 年 1 月，通过墨子号量子通信卫星，通信距离达到 7600 公里。

其最具影响的是他所领导的中国科学技术大学合肥微尺度物质科学国家实验室量子物理与量子信息研究部（筹）的团队，经过反复实验、不断进取，实现了三、四、五、六、八光子纠缠，验证了 GHZ 定理，提出了利用现有技术可实现的量子纠缠纯化方案；同时在完成实验实现的基础上，既实现了突破大气等效厚度的量子纠缠和量子密钥分发，又实现了量子隐形传态及纠缠交换、终端开放的量子隐形传态、复合系统量子隐形传态，从短距离传态到 16 公里自由空间量子隐形传态，更实现了绝对安全距离超过 100 公里和 200 公里的量子密钥分发及全通型量子通信网络。2017 年 12 月实现了欧亚洲际间的超距传态，使我国在具有高保密性和安全性的远距离量子态隐形传输的研究首次取得重大突破，处于世界领先地位。

与此同时，潘建伟团队还提出了基于冷原子量子存储的高效量子中继器方案，并完成实验实现；利用冷原子系综实现高品质的单光子和纠缠光子的量子存储；利用多光子纠缠实现重要的量子算法和突破经典极限的高精度测量；实现任意子分数统计的量子模拟。

潘建伟有关实现量子隐形传态的研究成果，同伦琴发现 X 射线、爱因斯坦建立相对论等，成为影响世界的重大研究成果，一起被《自然》杂志选为“百年物理学 21 篇经典论文”。

值得注意的是，潘建伟团队不但在远距离量子态隐形传输研究方面遥遥领先，而且在实验过程中，实现量子瞬间传输技术的传输速度至少比光速高 4 个数量级，颠覆了经典力学关于不可超过光速的结论。

潘建伟团队在量子计算机领域的研发上同样处于世界领先水平。我国不但研制出了世界上第一台实用化的模拟量子计算机，而且不断获得新进展，2018 年 6 月，我国又实现了 18 个比特的量子态纠缠，远超国外 10 个比特的纪录，为进一步制造更加先进的量子计算机打下了坚实基础。

一

读完《话说量子》这本书后，我们对什么是量子力学应该有了一个简单的概念，我们不妨再小结一下：

（1）量子力学是客观世界中关于微观物质运动规律的科学，是量子物理学的一门分支。

（2）所有的微观物质都具有波粒二象性。既有波动性，又有粒子性，且是不连续的。

（3）微观物质的运动以所处的量子状态来描述，称为量子态。量子态与微观物质所处的环境有密切关系，并且随着时间、空间的变化而变化。量子态是不可以直观，也不可以复制或克隆的。

（4）由于微观物质有着波动性和粒子性，因此可以以矩阵形式或者波函数形式描述，两种方式是相互等价的。有粒子态时没有波态，有波态时没有粒子态，两者表现为互斥。然而要完整地表述又缺一不可，两者又是统一的，这就是互补原理。

（5）系统的波函数是各种分支的量子态迭加形成的新的波函数，因为各分支的时空动态是变化的，因此系统的波函数也时刻存在着不确定性。任何对系统的观察都会造成对系统的干涉，使系统坍缩到一个分支的状态。即便在避开直接观察的情况下，也只能多次测量以求得一个近似的平均值，这就是系统的不确定原理和坍缩现象。

（6）在以数学形式描述量子态的运算时，引用了算符来标识量子态的各种状态，并以方程式来表示运动的规律和结果。

（7）所有的基本粒子和亚原子都时刻在自旋。自旋有顺时针和反时针两个方向。自旋数为半整数的粒子为费米子，自旋数为整数的粒子为玻色子。费米子是物质存在的基础，即所有的基本粒子都是费米子。玻色子是物质存在的形式，即是粒子信息的传播者。

（8）原子结构与星系结构相似。在一个原子中，不可能存在状态完全相同的两个电子，这称为不相容原理。

（9）原子中的电子各自在自己的能级轨道上绕核运转，这时的状态称为定态。由于轨道是不连续的，吸收或者释放一定能量而使电子能从一个能级轨道跃迁到另一个能级轨道。能量的吸收和释放使电子跃迁而始终保持原子的稳定。

（10）量子力学有三个独特的现象：一是系统的量子态迭加和坍缩现象；二是薛定谔的猫的假想实验；三是量子纠缠。在上述三个现象中，前两种是单体的迭加坍缩现象，后一种是多体的迭加坍缩现象。这三个现象证实了量子力学属于非定域的实在。

以上就是量子力学的最基本概念。事实上，量子力学最核心、最本质、最引人入胜的还是后面的这三种现象，所有的有关量子力学的理论和实验都是这三种现象的支撑和铺垫。毫不夸张地说，当今最为先进的科技创新无不受这三种现象的启发。

无论如何，量子力学给人类认识和改造客观世界提供了一条新的更加宽敞的途径，使科学家们和工程师们将它应用到技术领域，为人类带来了崭新的科技革命。如今，人类已经进入网络化、信息化、智能化时代，科技创新日新月异，人们对物质世界的认识正在发生翻天覆地的变化。

二

量子力学作为一门新兴的自然科学，使人们拓宽了眼界，给人类带来了实惠。但由于它所表现出的不合常理的现象，也给人们的思想观念带来巨大的冲击。特别是三大诡异现象，使许多人陷入了迷茫之中。

一时间，意识是物质世界的基础，灵魂、鬼神是现实存在的说法，都与量子力学挂上了钩，都被量子力学的科学现象所“证实”，这样就把自然科学的未解之谜与社会科学的哲学观念扯在了一起。

其实这也不奇怪，自古以来，人们遇到说不清、道不明的现象时，往往就将其与鬼神、灵魂、宗教联系了起来。问题是，这些意识、灵魂之类的定论是否过早了一点?

最简单的道理，我们知道，物质的存在就意味着质量的存在、力的存在、能量的存在、运动的存在，因此这个世界是活的，这个宇宙是活的。现代物理告诉我们，我们目前已知的物质只占宇宙物质的4%左右，还有96%的暗物质、暗能量我们一无所知。如果哪一天人类真正探明了暗物质的存在并掌握了它们所具有的宇宙规律，说不定量子力学所表现的这些诡异现象就能得到圆满的解释。

当然，话又说回来，我们人类可能永远也掌握不了宇宙的全部秘密，因为人类本身就是宇宙的一部分。我们存在的空间维度，我们的感知功能都是有局限的，因此我们的认知也总是有局限的，因为这都是宇宙这个大家庭的“分配”所致。我们中国有句老话叫作“坐井观天”，我们如果只是以人类的思维——哪怕这是宇宙中高级文明的体现——去感受和领会这个世界，也难以跳出人类认知极限的框框。即使与我们共存了上万年的地球世界，我们再熟悉不过的飞禽走兽、花草树木这些活生生的生物，它们也在繁衍后代，它们也有悲欢离合。我们可以与它们共存，但我们至今了解它们吗？我们懂得它们的语言吗？知道它们表达交流的方式吗？这里用了“至今”二字，但很可能是“永远”。

人类认知是有局限的，但并不等于人类就只能自暴自弃。人类之所以是人类，之所以有文明，就在于人类不是简单的存在，而是在存在的基础上去了解、去探索、去掌握、去改造、去创新。地球已有几十亿年的历史，人类出现仅仅上万年，有记载的历史仅仅几千年，而纪元建史更只有两千余年，但人类对自然的改造何等巨大！我们不可能征服宇宙、征服地球、征服世界，但我们可以尽可能地去认识它、改造它。

的确，我们要永远记住：知识就是力量。

从这个意义上讲，那些意识、灵魂、鬼神之类虚无缥缈的东西，我们还是不要过早地下否定的结论。如果真的存在，那么让科学去证实它们吧。科学就是科学，只有被科学证实的东西才是真实的。

三

本书在写作过程中，荣幸得到中国科普研究所副所长陈宏规博士，中国国防科技大学杨俊才、王才美教授以及我的挚友陈双翼同学的大力支持和帮助，还有众多专家、导师、好友提出的宝贵意见和建议，在此表示衷心感谢！

最后必须声明，本书的所有参考资料均来自 360 网络平台，包括 360 百科、360 知道、360 图片以及 360 网络平台转载于其他网络如百度、知乎、作业帮等所刊载的有关资料。